AF525738

STARTUP 101

EXISTENZGRÜNDUNG LEICHT GEMACHT

Das 1x1 für einen grandiosen Einstieg in die Selbstständigkeit und Unternehmensführung – Schritt für Schritt ganz einfach selbstständig machen

INHALT

Worum es in diesem Buch geht

Sie haben sich entschieden, ein Start-up zu gründen, oder Sie überlegen noch, ob es sich wirklich lohnt, die Idee, die Sie schon so lange im Hinterkopf haben, zu konkretisieren? Sie wollen voll ins Geschäftsleben einsteigen, aber sind sich nicht sicher, welche Voraussetzungen für die erfolgreiche Unternehmensgründung gegeben sein müssen? Dann sind Sie hier genau richtig.

Wahrscheinlich hatte jeder von uns schon einmal eine Geschäftsidee, den Wunsch, ein Unternehmen zu gründen, im besten Fall eine Marktlücke zu entdecken und damit richtig durchzustarten. Doch nur die wenigsten verfolgen diese Idee ernsthaft weiter – doch warum eigentlich nicht? Sicher, die Gründung und vor allen Dingen die erfolgreiche Vermarktung eines eigenen Start-ups ist nicht leicht, Sie müssen bereit sein, Zeit und Arbeit zu investieren, ansonsten werden Sie sich auf dem Markt nicht behaupten können.

Doch investiert man nicht gerne Zeit und Arbeit, wenn man von der eigenen Geschäftsidee überzeugt ist? Wenn man nicht bloß einmal davon träumt, sondern konkrete Vorstellungen hat, wie das eigene Unternehmen aussehen könnte? Ihre erste Investition in Ihre Zukunft als Geschäftsmann oder –frau sollte dabei dieses Buch sein. Kompakt und übersichtlich stellen wir dar, welche Schritte erforderlich sind, um ein erfolgreiches Start-up zu gründen. Wobei hier der Fokus klar auf praxisorientierten Hinweisen liegt. Auch zeigen wir auf, wie Sie Ihr Start-up richtig vermarkten. Schließlich wollen Sie Ihre Idee mit möglichst vielen Menschen teilen. Also: Lassen Sie uns gemeinsam mit Ihrer Geschäftsidee starten. Viel Erfolg!

Hinweis: In diesem Text werden einige real existierende Unternehmen genannt, um Aussagen anhand praktischer Beispiele zu belegen oder zu verdeutlichen. Es besteht jedoch keinerlei Kooperation zwischen dem Autor dieses Buches und den genannten Unternehmen, die Beispiele dienen lediglich der Illustration. Zumeist werden in den Beispielen bekannte Start-ups und Unternehmen genannt, da sie als Fallbeispiele für eine gelungene Gründung und Vermarktung dienen können.

Start me Up… Was macht eigentlich ein Start-up aus?

Wenn Sie ein Start-up gründen möchten, sollten Sie sich zunächst vergegenwärtigen, was *genau* ein Start-up eigentlich ist und wie *genau* es sich von klassischen Unternehmen unterscheidet. Wir hören den Begriff immer häufiger in den Medien. Oftmals ist von Start-ups die Rede, wenn neue Unternehmen gegründet werden und diese in kurzer Zeit ein enormes Wachstum erleben. Doch haben wir es auch mit einem Start-up zu tun, wenn jemand eine gut laufende Pizzeria eröffnet, die nicht nur im unmittelbaren Umkreis ausliefert, sondern auch bis in die Nachbargemeinden? Oder sind Sie ein Start-up-Gründer, wenn Sie vorhaben, einen Gartenlandschaftsbaubetrieb zu eröffnen?

Laut der Definition von Professor Doktor Ann-Christin Achleitner im Gabler Wirtschaftslexikon wird ein Unternehmen als Start-up bezeichnet, wenn es noch nicht auf dem Markt etabliert ist, mit wenig Startkapital gegründet wird, mit einer innovativen Geschäftsidee aufwarten kann und wenn es ein hohes Wachstumspotenzial in sich birgt (Achleitner, 2017). Nur weil Sie eine Geschäftsidee haben und darauf aufbauend planen eine Firma zu gründen, heißt das noch nicht, dass es sich bei der Firma tatsächlich um ein Start-up handelt. Das Ihnen vorliegende Buch wird sich jedoch mit Start-up-Unternehmen beschäftigen. Sollten Sie also tatsächlich die Eröffnung eines Restaurants oder eines kleinen Handwerksbetriebs in einem klassischen Handwerksberuf planen, werden Ihnen die Hinweise und Anregungen in diesem Buch vermutlich nicht weiterhelfen.

Als Start-up-Gründer haben Sie es oftmals mit einem noch sehr jungen, wenig erschlossenen Markt zu tun oder unter Umständen sogar mit einem Markt, der noch nicht einmal existiert. Daher haben Sie es als Gründer meistens mit einem mehr oder weniger großen finanziellen Risiko zu tun. Eben dieses Risiko birgt aber auch Chancen – nämlich die Chance auf ein schnelles Wachstum bis hin zu einer marktführenden Position, wenn Sie es schaffen mit innovativen Ideen das brachliegende Feld Ihres Zielmarktes zu bestellen. Wie kann Ihnen dies gelingen? In den folgenden Kapiteln werden wir gemeinsam von der Idee bis hin zur Vermarktung sämtliche Schritte nachvollziehen, die zur Gründung eines erfolgreichen Start-ups nötig sind.

Vielleicht werden Sie eines Tages so erfolgreich, dass Ihre Firma überhaupt kein Start-up mehr ist, sondern ein etablierter Marktakteur. Sobald Ihr Markt erschlossen ist, Ihr Wachstum dementsprechend auf ein Normalmaß gesunken ist und Ihre Produkte und Dienstleistungen flächendeckend nachgefragt werden, sind Sie kein klassisches Start-up mehr, sondern ein etabliertes Unternehmen. Viele Gründer verfolgen zudem das Ziel, ihr Unternehmen nach einer gewissen Zeit auf dem Markt anzubieten, das heißt entweder wird ein Verkauf oder eine Eingliederung in ein größeres Unternehmen angestrebt oder etwa auch ein Börsengang mit möglichst vielen Aktionären.

Wenn Sie in dieser Beschreibung, zumindest größtenteils, Ihre Geschäftsidee und Ihre Pläne wiedererkennen, sind Sie mit diesem Buch bestens beraten. Lassen Sie uns also direkt mit der Gründung Ihres Start-ups beginnen.

Selbsttest / Sind Sie als Unternehmer geeignet?

„Ich mache mich selbstständig“.
„Selbstständig. So schwer ist das doch nicht!“

Diese Sätze sind schnell gesagt. Aber ist es wirklich so einfach? Sind Sie überhaupt für eine Selbstständigkeit geeignet? In dem vorherigen Kapitel haben Sie schon einige Eigenschaften vermittelt bekommen, die ein Selbstständiger mitbringen sollte, um Erfolg mit seinem Unternehmen haben zu können. Der Mensch neigt aber leider dazu, das eine oder andere schnell zu vergessen. Um es daher für Sie etwas einfacher zu gestalten, steht Ihnen nachfolgender Persönlichkeitstest zur Verfügung.

Bei diesem Test sind die einzelnen Fragen zwar relativ einfach formuliert, sie entsprechen aber einer wissenschaftlichen Grundlage. Allerdings geben sie Ihnen keine Erfolgsgarantie. Dieser Test dient lediglich dazu, Ihre eigene Einschätzung zu sensibilisieren. Das Ergebnis soll Ihnen dann die Möglichkeit eröffnen, zu entscheiden, ob für Sie eine Selbstständigkeit machbar wäre oder ob Sie besser davon Abstand nehmen sollten.

Dieser Test besteht aus insgesamt 25 Fragen aus den bereits dargestellten Bereichen

- Persönliche Voraussetzungen
- Fachliche Voraussetzungen
- Soziale Voraussetzungen

Bitte beantworten Sie jede Frage mit einem *** Ja *** oder *** Nein *** und kreisen die Antworten entsprechend ein. Das Ergebnis erfahren Sie dann am Ende des Tests.

Beispiel:

1.	Ein sonniger Tag munter mich immer auf	**Ja**	**Nein**
2.	Nach Feierabend möchte ich grundsätzlich meine Ruhe haben	**Ja**	**Nein**

Nachfolgend der Test!

PERSÖNLICHKEITSTEST

1.	Ich mache mich selbstständig, weil ich von meiner Idee sehr überzeugt bin.	**Ja**	**Nein**
2.	Wenn ich mir etwas ernsthaft vornehme, bringt mich keiner davon ab.	**Ja**	**Nein**
3.	Ich bin sehr stark vom Erfolg meines zukünftigen Unternehmens überzeugt.	**Ja**	**Nein**
4.	Ich verfüge über langjährige Erfahrung in dem geplanten Geschäftsfeld.	**Ja**	**Nein**
5.	Mein Netzwerk ist so umfassend, dass ich über ausreichend Kunden verfüge.	**Ja**	**Nein**
6.	Ich habe keine Probleme auf fremde Menschen ein- und zuzugehen.	**Ja**	**Nein**
7.	Ich besitze ein finanzielles Polster bzw. Sicherheiten für die ersten Monate.	**Ja**	**Nein**
8.	Ich wäre auf jeden Fall bereit, ein finanzielles Risiko einzugehen.	**Ja**	**Nein**
9.	Ich verfüge über kaufmännische und betriebswirtschaftliche Kenntnisse.	**Ja**	**Nein**

10.	Ich bin in der Lage einen aussagekräftigen Businessplan zu erstellen.	**Ja**	**Nein**
11.	Ich habe mich über Möglichkeiten einer Finanzierung informiert.	**Ja**	**Nein**
12.	Ich werde meinen Plan der Selbstständigkeit in Ruhe und Bedacht umsetzen.	**Ja**	**Nein**
13.	Ich besitze bereits Führungserfahrung und kann mit Menschen umgehen.	**Ja**	**Nein**
14.	Ich habe keine Angst vor einem Scheitern meines Vorhabens.	**Ja**	**Nein**
15.	Schwierigkeiten betrachte ich stets als Herausforderung, nicht als Problem.	**Ja**	**Nein**
16.	Ich treffe Entscheidung grundsätzlich schnell und zügig, aber mit Bedacht.	**Ja**	**Nein**
17.	Rückschläge lassen mich nicht verzweifeln, sie motivieren mich eher.	**Ja**	**Nein**
18.	Ich denke zielorientiert und lasse mich nicht vom geplanten Weg abbringen.	**Ja**	**Nein**
19.	Meine Familie unterstützt mich bei dem Plan meiner Selbstständigkeit.	**Ja**	**Nein**
20.	Mein Partner hat Möglichkeiten, um für unseren Lebensunterhalt zu sorgen.	**Ja**	**Nein**
21.	Mein Partner und meine Freunde unterstützen mich bei meinem Vorhaben.	**Ja**	**Nein**
22.	Meine Familie akzeptiert, dass ich in der Startphase wenig Zeit habe.	**Ja**	**Nein**
23.	Ich bin bereit, sehr viel von meiner Freizeit für mein Vorhaben zu opfern.	**Ja**	**Nein**
24.	Ich bin physisch (körperlich) absolut belastbar.	**Ja**	**Nein**
25	Ich bin psychisch(geistig) absolut belastbar-	**Ja**	**Nein**

PERSÖNLICHKEITSTEST-ERGEBNIS

Von den Antworten der insgesamt 25 Fragen, fließen lediglich die Antworten mit ***Ja*** in die Wertung ein.

Sie haben eine Punktzahl zwischen **0 – 17** erreicht!

In Ihrer Persönlichkeit neigen Sie zu Folgendem:

- Sie sind im Arbeitsalltag häufig unzufrieden.
- Sie neigen zu Frustration.
- Sie können mit Sonderwünschen schlecht umgehen.
- Sie fühlen sich in Ihrer Tätigkeit ausgebeutet.
- Sie verzichten ungern auf eine soziale Absicherung.
- Sie sind nicht bereit, auf Ihre Freizeit zu verzichten.
- Sie sind nicht bereit, Ihren jetzigen Lebensstandard aufzugeben.
- Sie sind nicht unbedingt risikobereit.
- Sie haben sich noch nicht umfassend mit einer Selbstständigkeit befasst.

Sie träumen zwar von der Selbstständigkeit, und einer Möglichkeit selbst bestimmen zu können, um aus dem Hamsterrad eines Angestellten ausbrechen zu können. Jedoch träumen Sie eben nur. Vom Grundsatz scheuen Sie die Übernahme von Verantwortung. Die Auseinandersetzung mit Kunden und Mitarbeitern würden Sie gerne vermeiden und einem unruhigen Leben möchten Sie sich eigentlich nicht aussetzen. Für Sie ist die Vorstellung, Ihr Geld als selbstständiger Unternehmer zu verdienen, eher ein Gräuel.

Fazit!

Verschwenden Sie weder Mühe bei der Planung bzw. der Umsetzung einer Unternehmensgründung. Sie werden als angestellter

Mitarbeiter weitaus glücklicher sein.

Sie haben eine Punktzahl zwischen **18 – 25** erreicht!

Ihre Persönlichkeit lässt sich folgendermaßen beschreiben:

- Sie beherrschen die lösungsorientierte Arbeit.
- Sie können mit Sonderwünschen gut umgehen.
- Sie scheuen kein Risiko.
- Sie können sich durchsetzen.
- Sie betrachten Rückschläge als Herausforderung.
- Sie sind körperlich gesund und psychisch stabil.
- Sie sind bereit auf Freizeit zu verzichten.
- Sie sind bereit, Ihren jetzigen Lebensstandard zu verändern.
- Sie haben sich sehr umfassend mit Ihrer geplanten Selbstständigkeit befasst.

Sie träumen nicht nur von Ihrer Selbstständigkeit, Sie wollen diese auch. Sie befassen sich schon über einen längeren Zeitraum mit diesem Gedanken und sind eigentlich in Ihren Gedanken schon sehr weit. Sie haben beruflich viel gelernt, Sie haben Erfahrungen gesammelt und Sie haben sich ein Netzwerk aufgebaut. Dies alles wollen Sie in Ihre Unternehmensgründung einbringen.

Fazit!

Sie müssen eigentlich nur noch den letzten Schritt absolvieren, damit Sie als Unternehmensgründer durchstarten können. Sie bringen alles mit, was einen erfolgreichen Unternehmer ausmacht.

Gründen Sie Ihr Start-up

DIE RICHTIGE IDEE

Alles beginnt mit einer Idee. Doch genau dieser scheinbar logische und einfache Schritt kann sich als tückisch erweisen. Schließlich reicht es nicht, eine gute Idee zu haben. Sie muss realistisch umsetzbar sein und es muss grundsätzlich einen Markt für diese Idee geben. Das heißt nicht, dass man sich ausschließlich auf bereits vorhandene Produkte oder Dienstleistungen beschränken muss. Eine Evaluation, ob eine grundsätzliche Nachfrage vorhanden ist, ist aber unabdingbar.

Ein Beispiel kann dieses Problem an der Stelle verdeutlichen. Angenommen Sie planen ein Start-up zu gründen, das fair und ökologisch gehandelte Einstecktücher für Herrenanzüge produziert. Die Idee scheint zunächst sinnvoll. Fair gehandelte Mode liegt im Trend, ein vergleichbares Angebot gibt es auf dem Markt noch nicht. Doch müssen Sie bedenken: Kaum jemand trägt noch Einstecktücher. Der Kreis der potenziellen Käufer ist also von Haus aus klein. Wenn Sie dann noch überlegen, dass es in der Regel ältere Herren sind, die solche Tücher tragen, macht es Ihr Unterfangen noch schwieriger. Ältere Menschen neigen, das zeigen etliche Marktforschungsstudien, eher dazu, bekannte und gewohnte Produkte zu kaufen, probieren selten Hersteller aus, die völlig neu auf dem Markt sind. Die Herren, die Einstecktücher in ihren Anzugtaschen tragen besitzen zudem vermutlich schon das ein oder andere Tuch, sie werden sehr wahrscheinlich nicht mehr als ein oder zwei Tücher auf einmal bei Ihnen kaufen.

Somit zeigt sich, dass die gut gemeinte Idee, fair gehandelte Einstecktücher zu produzieren, realistisch betrachtet nur sehr geringe

Erfolgschancen auf dem Markt bietet.

Die Idee ist die alles entscheidende Grundlage für die Gründung Ihres Start-ups. Überlegen Sie also gut, betreiben Sie Brainstorming, legen Sie eine Mindmap an. Überlegen Sie, in welcher Idee Sie sich persönlich wiederfinden, welche Themen Sie bewegen. Formulieren Sie klare Ziele und sprechen Sie mit anderen Personen, die einen neutraleren Blick auf Ihre Gedanken haben als Sie selbst. Stellen Sie diesen Leuten Ihre Konzepte vor und seien Sie offen für Kritik, auch wenn Sie persönlich voll und ganz von Ihren Plänen überzeugt sind. Jeder Einwand ist berechtigt und hilfreich, wenn es um die Auslotung Ihrer Erfolgschancen geht.

Der große Vorteil von Start-ups ist es, dass sie mit neuen, innovativen Ideen und Konzepten oftmals in eine Marktlücke hineinstoßen. Seien Sie aufmerksam, gibt es irgendetwas, was Sie in Ihrem Alltag stört? Gibt es Situationen, in denen Sie sich ein bestimmtes Produkt sehnlichst herbeiwünschen, um eine alltägliche Aufgabe zu erleichtern? Gibt es ein solches Produkt noch nicht und ist es realistisch, dass man es herstellen könnte? Sprechen Sie auch hier mit anderen darüber, fragen Sie sie, ob es ihnen ähnlich geht, ob auch sie Bedarf an einem solchen Produkt hätten. Der Austausch ist auch hier ein entscheidender Punkt. Wenn Sie persönlich wahnsinnig gerne ein Fahrrad mit einem Raketenantrieb besitzen würden und sich sicher sind, dieses Produkt würde Ihren Alltag erleichtern, merken Sie wohl schnell, dass alle anderen, denen Sie von dieser Idee erzählen, gelinde gesagt einen geringeren Bedarf an diesem Fahrrad hätten.

Auch stellen Sie fest, dass die Produktion eines solchen Fahrrads ein Ding der Unmöglichkeit sein dürfte. Wohingegen ein Elektrofahrrad, das mit einem Solarpanel ausgestattet ist, praktischerweise zwei Trends bedienen könnte, nämlich den Trend zum Elektrofahrrad und den Trend zu erneuerbaren Energien. Außerdem werden Sie merken, dass die Herstellung eines Fahrrads mit einem kleinen Solarpanel um ein Vielfaches leichter ist als die eines Fahrrads mit Raketenantrieb. Allerdings werden

Sie in diesem Fall feststellen, dass diese Marktlücke bereits entdeckt und weitestgehend geschlossen wurde. Elektroräder mit Solarpanel gibt es bereits. Überlegen Sie sich also, welche konkreten Probleme oder Unannehmlichkeiten des Alltags, die eine breitere Masse an Menschen betreffen, es gibt und welches Produkt oder welche Dienstleistung helfen könnte, diese Probleme zu lösen. Recherchieren Sie im Anschluss, ob es ein entsprechendes Produkt oder eine entsprechende Dienstleistung bereits gibt. Wenn nicht, habe Sie womöglich eine Marktlücke gefunden.

Sollten Sie sich in einer kleinen „Kreativitätskrise" befinden, sollten Sie nicht verzweifeln. Sie haben immer auch die Möglichkeit, sich von anderen, erfolgreichen Start-ups inspirieren zu lassen. Wie lautet deren Geschäftsmodell? Wie haben sie es geschafft, von einem kleinen Start-up zu einem erfolgreichen Unternehmen zu werden? Welche Konzepte und Techniken haben dabei geholfen? Manche Start-ups sind zum Beispiel erfolgreich, da sie von Anfang an in Werbung investiert haben und damit Präsenz in den Köpfen der potenziellen Kunden gewonnen haben. Andere setzen auf einen Produktnamen, der in den Köpfen hängen bleibt. Viele erfolgreiche Start-ups erkennen Trends und können den aktuellen Zeitgeist gut einschätzen.

Nehmen wir diesmal ein reales Beispiel zur Hand, um diese These zu veranschaulichen. Das Start-up Einhorn stellt vegane und nachhaltig produzierte Kondome und Menstruationsartikel her. Dabei setzt das Unternehmen auf einen prägnanten Markennamen, mit dem die Leute etwas Mystisches, aber gleichzeitig auch etwas Positives verbinden. Ein Einhorn ist interessant und irgendwie auch faszinierend. Hinzu kommt, dass der Trend zu nachhaltigen, ökologischen Produkten erkannt und genutzt wurde. Kondome gibt es schließlich von verschiedenen Herstellern, aber nur Einhorn wirbt damit, dass diese fair und ökologisch produziert werden. Die Verpackungen sind mit coolen Sprüchen, Wortspielen, Zeichnungen und comicartigen Bildern verziert. Sie sind bunt, auffällig und sprechen gezielt eine junge, hippe Zielgruppe an. Zudem hat es

Einhorn durch cleveres Marketing und durch Werbung geschafft, sich den Ruf eines weltoffenen, progressiven Unternehmens aufzubauen, welches insbesondere mit seinen Menstruationsprodukten für die Rechte der Frau kämpft. Einhorn ist nicht bloß eine Marke, sondern ein Lifestyle, so das Marketing des Start-ups (Siefer, 2020). Sie können also von Einhorn lernen, auch wenn Sie keine Kondome oder Menstruationstassen herstellen möchten. Die Konzepte können Sie auf Ihr Produkt genauso anwenden.

Folgende drei Schritte sollten Sie also beachten, wenn Sie an der passenden Geschäftsidee für Ihr Start-up tüfteln:

1. Nutzen Sie Techniken wie Brainstorming oder Mindmaps, Ihre Ideen, Vorstellungen und Ziele zu konkretisieren. Tauschen Sie sich mit anderen über die Ergebnisse aus.
2. Suchen Sie nach Marktlücken. Überlegen Sie ob und wie sich diese ausfüllen lassen.
3. Lassen Sie sich von erfolgreichen Start-ups und deren Strategien inspirieren. Kupfern Sie nicht bloß ab, sondern wenden Sie deren Konzepte auf Ihre Idee an.

DER RICHTIGE NAME

Sie haben die richtige Idee gefunden? Wunderbar, damit haben Sie den ersten und wichtigsten Schritt für die Gründung Ihres Unternehmens bereits geschafft. Doch nun stellt sich die Frage, wie Ihr Start-up eigentlich heißen soll. Wenn Sie nun denken, dass der Name der Firma doch eher zweitrangig ist und es in erster Linie auf Ihre Produkte oder Dienstleistungen und deren Qualität ankommt, so irren Sie sich gewaltig. Schließlich müssen Sie Ihr Gewerbe nicht nur anmelden und dabei unter anderem den Namen Ihrer Firma angeben (auf die rechtlich verbindlichen Schritte zur Gründung Ihres Start-ups werden wir im nächsten Abschnitt ausführlich eingehen), sondern Sie werden es auch vermarkten müssen. Nur aufgrund Ihres Angebots wird niemand auf Sie aufmerksam, daher ist der Vermarktung Ihres Start-ups in diesem Buch ein großer Abschnitt gewidmet. Sie brauchen einen Namen, der interessant klingt, der im Kopf bleibt, wenn man ihn einmal gehört hat und den man, im besten Fall, direkt mit dem dazugehörigen Produkt in Verbindung setzt.

Zunächst einmal sollten Sie erneut auf Kreativtechniken zurückgreifen. Betreiben Sie Brainstorming, legen Sie eine Mindmap mit Ideen an und sprechen Sie mit jemandem darüber. Vielleicht planen Sie ja, jemanden mit ins Boot zu holen und Ihre Geschäftsidee zusammen mit einer Partnerin oder einem Partner zu verwirklichen. Warum dies von Vorteil sein kann, wird hier später noch ausgeführt. In einem solchen Fall sollten Sie die Namensgebung gemeinsam angehen. Sie sollten sich schließlich beide mit dem Namen des gemeinsamen Unternehmens identifizieren können. Egal wie perfekt der Name auch klingen mag, wenn Sie sich damit nicht wohlfühlen, ist es vermutlich nicht der richtige. Es ist Ihr Start-up und Sie müssen zu einhundert Prozent dahinterstehen, weshalb Ihnen der Name nach Möglichkeit nicht schwer über die Lippen kommen sollte. Nach einem ersten Brainstorming sollten Sie die entstandenen Ideen eingrenzen. Folgende Fragen können Ihnen dabei helfen, eine sinnvolle Eingrenzung zu betreiben:

- Welche Emotionen sollen durch den Namen geweckt werden? Möchten Sie einen Namen für Ihr Start-up, mit dem die Menschen etwas assoziieren oder soll es ein neutraler Name sein? Eventuell auch einer, unter dem sich niemand etwas vorstellen kann, sodass Sie den Namen völlig frei besetzen können? Wenn Sie eine Assoziation hervorrufen wollen, müssen Sie sich im Klaren sein, welche das sein soll. Dies hängt auch stark von der Art des Produktes ab, welches Sie entwickeln möchten.
- Welchen Nutzen bieten Sie Ihren Kunden? Namen wie Lieferheld oder Get Your Guide (ebenfalls Start-ups) zeigen schon durch den Namen direkt an, welche Vorteile dem Kunden geboten werden, wohingegen

andere Namen, wie zum Beispiel Einhorn oder Zalando, erst einmal nichts über die konkrete Dienstleistung des Unternehmens verraten. Entscheiden Sie selbst, ob Sie Ihren potenziellen Kund*innen durch die Wahl des Namens bereits einen Hinweis auf die konkrete Tätigkeit Ihres Unternehmens geben wollen.

• Gibt es ein oder mehrere Alleinstellungsmerkmale Ihres Start-ups? Der oben genannte Name Lieferheld zeigt zwar deutlich an, welchen Nutzen das Start-up bietet, doch ein Alleinstellungsmerkmal ist der Name nicht, gibt es darüber hinaus doch noch Lieferando, Pizza.de und unzählige andere Unternehmen, die exakt dieselbe Dienstleistung offerieren. Sollten Sie eine vollkommen neue Idee haben und etwas anbieten, das es in dieser Form auf dem Markt noch nicht gibt, wäre es eine Möglichkeit, diese Einzigartigkeit in Ihren Namen miteinfließen zu lassen.

Tipp: Denken Sie bei der Wahl des Namens perspektivisch. Wohin möchten Sie mit Ihrem Start-up gelangen? Wenn Sie planen internationale Märkte zu erobern, bietet sich ein englischer Name an oder zumindest ein Name, der in fast allen Sprachen gut ausgesprochen werden kann. Für besonders stark wachsende Unternehmen eignen sich fantasievolle, inhaltlich weniger greifbare Namen meist besser, da diese Sie nicht zwingen, sich inhaltlich zu sehr festzulegen.

Kriterien eines guten Firmennamens

Es gibt Marken, die jeder von uns kennt. Die meisten von uns werden sogar direkt das Logo der Firma vor Augen haben und genau wissen, für welche Produkte und Dienstleistungen sie steht. Erschrecken Sie nicht, wenn Sie hier gleich die Namen von weltweit agierenden, milliardenschweren Konzernen lesen, denn auch diese haben einmal klein angefangen und sind, nicht nur aber eben auch aufgrund der geschickten Namensgebung, erfolgreich geworden.

Anhand dieser Beispiele wollen wir Ihnen einige Kriterien für einen geeigneten Namen aufzeigen:

- Neologismen: Neologismen sind Wortneuschöpfungen. Das heißt, Sie denken sich einfach ein neues Wort aus, um Ihr Produkt zu beschreiben. Gute Beispiele für den Erfolg dieser Variante sind Tempo oder Tesa. Diese Worte gab es vorher (zumindest im Kontext mit Produkten) noch nicht, doch mittlerweile sind sie zu einem Synonym für das Produkt selbst geworden. Tempo steht für Papiertaschentücher genauso wie Tesa für Klebefilm.
- Wortkombinationen: Kombinieren Sie zwei Wörter zu einem, um den Zweck Ihres Start-ups in verkürzter Form deutlich zu machen. Beispiele sind Word-Press oder auch YouTube. Anhand dieser Namen erkennen Sie bereits, was der Sinn des Produkts ist, daher bleibt er auch gut im Gedächtnis.
- Wortkombinationen mit Verkürzungen: Um keine Wortungetüme zu schaffen, kann es sich anbieten, Wörter zu kombinieren, allerdings mindestens ein Bestandteil des zusammengesetzten Wortes zu kürzen. So geschehen etwa bei Microsoft (das Soft steht dabei für Software). Häufig wird dieser Kniff bei elektronik- und technologiebasierten Unternehmen angewendet, wie zum Beispiel eBay oder eToro. Das „e“ steht dabei meist für electronic(al).
- Namen von Personen: Für die Start-up-Szene eher ungewöhnlich, aber durchaus auch erfolgversprechend, ist die Benennung des Unternehmens mit einem Personennamen. Dabei ist es natürlich meist der eigene Name, der verwendet wird, wie bei Ford oder Bayer. Damit machen Sie deutlich, dass Sie für Ihr Produkt und Ihr Unternehmen mit Ihrem Namen stehen und erreichen eine persönlichere Bindung. Personennamen haben aber auch Nachteile. Sie sind meist recht unkreativ und wenig aussagekräftig. Was sagt Ihnen schon eine Firma, die „Mayer“ heißt? Sie verraten nichts über die angebotenen Produkte oder Dienstleistungen

und manche gängigen Namen sind bereits besetzt (zum Beispiel Müller für die Molkerei) (Hobe, 2016).

Sollten Sie unter Berücksichtigung all dieser Aspekte zu einer guten Namensidee gekommen sein, ist es unerlässlich, die Verfügbarkeit dieses Namens zu überprüfen. Suchen Sie den Namen im Internet per Suchmaschine. Wenn bereits ein Unternehmen mit demselben Namen existiert, ist der Name vergeben und als Marke angemeldet. Somit steht er Ihnen nicht mehr zur Verfügung. Vergewissern Sie sich unbedingt, bevor Sie Ihren Markennamen eintragen lassen. Ansonsten haben Sie viel Zeit verschwendet.

Selbst wenn Sie das Brainstorming mit mehreren Leuten betrieben haben, sollten Sie sich zur Sicherheit noch einmal Feedback von jemandem außerhalb der beteiligten Gruppen einholen. Innerhalb von Gruppen entstehen schnell bestimmte Dynamiken, die für eine gewisse Betriebsblindheit sorgen. Fragen Sie daher Freunde, Bekannte, Verwandte, was sie von den gesammelten Ideen halten. Stellen Sie ihnen Fragen: An was müsst ihr denken, wenn ihr den Namen hört? Was sind die ersten Assoziationen (positiv, vielleicht auch negativ)? Versteht ihr, was der Name bedeuten oder ausdrücken soll? Gibt es Missverständnisse, musstet ihr eventuell an etwas ganz anderes denken? Der Name muss Ihnen selbst gefallen, doch er darf unter keinen Umständen missverständlich sein oder falsche, negative Assoziationen hervorrufen. Sie wollen Menschen mit Ihrem Produkt erreichen, deswegen müssen Sie sich stets in die Perspektive potenzieller Käufer*innen hineinversetzen.

Nach diesem Feedback werden sich vermutlich zwei bis drei Namen herauskristallisieren. Überprüfen Sie diese Namen anhand folgender Kriterien, vielleicht fliegt dadurch ja noch ein möglicher Name aus der engeren Auswahl heraus:

- Ist der Name prägnant? Die Leute müssen sich Ihren Namen merken können. Wenn man zu lange überlegen muss, bis einem der Name einfällt, ist er womöglich zu kompliziert.

- Hört sich der Name gut an? Nur weil etwas gut zu merken ist, heißt es nicht, dass es auch klangvoll oder ansprechend auf die Menschen wirkt. Dies sollte der Name Ihres Start-ups aber sein. Wenn der Name gut klingt, verbindet man automatisch positivere Eigenschaften mit ihm.
- Ist der Name einzigartig? Der Name sollte nicht zu ähnlich klingen, wie der einer anderen Firma, ansonsten sind Verwechslungen vorprogrammiert.
- Versteht man den Namen? Der Name Ihres Start-ups sollte die Leute nicht verwirren, sondern gut verständlich sein. Insbesondere, wenn Sie die Art Ihres Produkts oder Ihrer Dienstleistung in den Firmennamen integrieren wollen, ist die Verständlichkeit des Namens von großer Bedeutung.
- Wirkt der Name ansprechend und interessant für Ihre Zielgruppe? Dazu müssen Sie sich schon einmal vergegenwärtigen, welche Zielgruppe Sie voraussichtlich adressieren möchten. Wenn Sie hauptsächlich junge Leute ansprechen wollen, ist es auch kein Problem, wenn der Name englisch ist oder nur mit Englischkenntnissen verstanden werden kann. Auch Szenebegriffe der Jugendkultur können in diesem Fall verwendet werden, was sich bei einer älteren Zielgruppe eher weniger empfiehlt. Grundsätzlich ist das Zielpublikum eines Start-ups eher jung, obgleich es auch von dieser Regel Ausnahmen gibt.

Anmeldung des Markennamens

Nachdem Sie den Namensfindungsprozess durchlaufen haben, steht im Idealfall ein Favorit fest. Lassen Sie sich nun noch ein paar Tage lang Zeit und beschäftigen Sie sich mit etwas anderem als dem Namen, um ein bisschen Abstand zu gewinnen. Sollte Ihnen der Name nach ein Tagen noch immer gefallen, haben Sie Ihren zukünftigen Firmennamen gefunden. Wenn Sie eine Internetpräsenz für Ihr Start-up haben möchten, und dazu ist dringend zu raten, müssen Sie noch eine Domain registrieren lassen. Dazu gibt es verschiedene Anbieter, die gängigsten werden Ihnen sofort angezeigt, wenn Sie „Domain registrieren" in einer Suchmaschine eingeben. Es gibt verschiedene Anbieter. Die meisten von ihnen sind ziemlich kostengünstig und auch die Dienstleistungen variieren nur minimal. Lesen Sie sich dennoch verschiedene Angebote durch und entscheiden Sie dann, bei welchem Anbieter Sie Ihre Domain registrieren lassen möchten. Zusätzlich können Sie Ihren Firmennamen patentrechtlich schützen lassen. Selbiges gilt auch für ein Logo (also die Art und Weise wie Ihr Firmenname geschrieben ist oder ein Zeichen, welches stellvertretend für Ihr Start-up steht, zum Beispiel der Swoosh bei Nike oder die vier Ringe bei Audi) oder für einen Werbeslogan. Dieser patentrechtliche Schutz kostet allerdings Gebühren und dauert in der Regel einige Wochen oder sogar Monate. Detaillierte Informationen und häufig gestellte Fragen mit Antworten finden Sie auf der Internetseite des Deutschen Patent- und Markenamtes, dpma.de (Deutsches Patent- und Markenamt, 2020).

Hilfe bei der Namensfindung

Sollte trotz Brainstorming, trotz kreativer Überlegungen und Austausch mit anderen kein passender Name gefunden werden, gibt es im Internet einige Tools, die Ihnen bei der Namensfindung behilflich sein können. Empfehlenswert, da sehr ausführlich und gründlich, sind an dieser Stelle vor allem drei Tools:

- **Visuwords** ist eine Plattform, die bei der graphischen Darstellung und bei Wortkombinationen behilflich ist. Hier können Sie gut Inspiration gewinnen, leider ist das Tool jedoch ausschließlich auf Englisch verfügbar (Webseite: visuwords.com).

- **Namerobot** hat vermutlich das umfangreichste Angebot. In Einzelschritten werden Sie hier durch den Namensgebungsprozess geleitet.

Namerobot kostet dafür leider auch Geld, je nach Ausstattung bis zu 29 Dollar pro Woche (etwa 27 Euro) und ist damit sehr teuer (Webseite: namerobot.de).

• **Nameboy** ist ein Tool, welches Sie mit Schlagworten versorgen. Es erstellt daraufhin selbstständig Kombinationen aus den Wörtern, die Sie vorgeben. Außerdem zeigt das Programm an, ob die Domain bereits vergeben ist. Sie müssen aber Begriffe vorgeben, ansonsten kann das Programm nicht arbeiten (Webseite: nameboy.com).

Am besten ist es natürlich, Sie finden ohne Hilfe dieser Tools Ihren Firmennamen. Falls Sie sich jedoch einmal in einer kreativen Krise befinden sollten, können Ihnen die Programme weiterhelfen. Wir hoffen, dass Sie mit diesen Tipps und Hinweisen gut ausgestattet sind für die Suche nach dem passenden Firmennamen. Mit der richtigen Idee und dem richtigen Namen sind Sie auf einem guten Weg, ein erfolgreicher Start-up-Unternehmer zu werden.

RECHTLICHE VORAUSSETZUNGEN

Rechtsformen

Ist die Ideenfindung für Ihr Start-up in erster Linie ein kreativer Prozess, gibt es im weiteren Verlauf Ihrer Unternehmensgründung selbstredend auch einige Formalitäten, die Sie zu beachten haben. Schließlich können Sie kein Start-up gründen, wenn Sie die rechtlichen Voraussetzungen dafür nicht kennen. Sie wissen ja, in Deutschland ist alles geregelt. Die Beschreibung der Rechtslage beschränkt sich hier auch auf Deutschland, da es den Rahmen sprengen würde, die Rechtslage mehrerer Länder darzustellen. Gehen wir also einmal davon aus, dass Sie mit Ihrer Geschäftsidee auf dem heimischen Markt andocken möchten.

Noch bevor Sie ein Gewerbe anmelden, müssen Sie sich über die Rechtsform im Klaren sein, die Sie wählen wollen (zum Beispiel GmbH, GbR oder ein Einzelunternehmen). Auch sollten Sie sich im Vorfeld bereits überlegt haben, ob Sie Partner*innen oder Teilhaber*innen mit ins Boot holen möchten. Für ein Kleingewerbe brauchen Sie natürlich keinerlei Beteiligungen, doch wenn Sie planen ein Start-up zu gründen, das sich im Idealfall einmal zu einem etablierten Unternehmen entwickelt, werden Sie auf Dauer nicht alleine auskommen. Kommen wir im Folgenden zunächst einmal zur Wahl der Rechtsform.

Diese ist aus zwei Gründen entscheidend: Erstens hängt von der Rechtsform Ihres Unternehmens ab, ob Sie ins Handelsregister eingetragen werden müssen und ob Sie Bilanzen veröffentlichen müssen. Zweitens klären sich über die Rechtsform Fragen der Haftung sowie des Haftungsausschlusses, des Kapitalbedarfs und der Möglichkeit von Beteiligungen. Im Folgenden werden hier zunächst die wichtigsten Rechtsformen erläutert, damit Sie eine genauere Vorstellung davon gewinnen, wofür die im Text verwendeten Abkürzungen stehen und was genau diese bedeuten.

Bei der Gründung einer Firma bleiben Ihnen zwei Alternativen: Sie können eine *Personengesellschaft* oder eine *Kapitalgesellschaft* gründen. Personengesellschaften können Einzelunternehmen, GbRs, OHGs oder KGs sein. Die Entscheidung, welche Rechtsform Sie für Ihr Start up wählen ist dabei keine rein juristische Entscheidung, sondern hat einen erheblichen Einfluss darauf, wie sich das Unternehmen in den ersten Jahren nach der Gründung entwickeln wird. Wir beginnen zunächst mit den Personengesellschaften. Für deren Gründung benötigen Sie so gut wie kein Kapital, haften aber meist persönlich für Ihr Unternehmen.

Personengesellschaften
Einzelunternehmen Einzelunternehmen können ohne größeren finanziellen Aufwand von einer einzelnen Person gegründet werden. Eine Mindestsumme an Eigenkapital ist nicht vonnöten. Den Betreiber eines solchen Unternehmens nennt man auch Inhaber. Als Einzelunternehmer führen Sie die

Geschäfte unter Ihrem Namen, beziehungsweise unter dem Namen Ihrer Firma. Sie haben also volle Entscheidungsfreiheit, Sie alleine führen Ihr Unternehmen. Aber: Sie alleine haften auch dafür, und zwar mit Ihrem Privatvermögen. Seien Sie sich dessen bewusst! Die Vorteile liegen hier klar in der unkomplizierten Gründung ohne Eigenkapital und in Ihrem weitläufigen Kompetenzbereich. Sie treffen alle Entscheidungen selbst, der Gewinn steht allein Ihnen zu. Sollten Sie sich jedoch aus welchen Gründen auch immer, stark verschulden, gibt es niemanden, der Sie auffangen kann.

GbR

Hierbei handelt es sich um den Zusammenschluss mindestens zweier Gesellschafter*innen, die sich mit einem sogenannten Gesellschaftervertrag gegenseitig einem gemeinsamen Unternehmensziel verpflichten. Sie sind beim Abschluss dieses Gesellschaftervertrags frei. Sie können ihn schriftlich festhalten, können ihn aber genauso gut mündlich oder per Handschlag abschließen. Es handelt sich beim Gesellschaftervertrag also nicht um ein formelles Dokument, welches Sie archivieren oder vorzeigen können müssen. Interessant hierbei ist: Das gemeinsame Ziel, der sogenannte Gesellschaftszweck, ist nicht näher definiert, es kann sich um das gemeinsame Wohnen in einer Wohngemeinschaft handeln oder um den Zusammenschluss von freiberuflich tätigen Ärzten oder Anwälten zu einer Praxis oder einer Kanzlei. Das Betreiben eines Handelsgewerbes zählt allerdings nicht zu den zulässigen Gesellschaftszwecken. Das bedeutet, sobald Ihr gewerbliches Unternehmen dauerhaft angelegt ist und das Ziel eines Gewinns verfolgt, ist die Rechtsform der GbR nicht mehr möglich. Wenn Sie also mit Ihrem Start-up tatsächlich Gewinn erzielen wollen und nicht ausschließlich karitativen Zwecken dienen möchten, können Sie die GbR nicht wählen. Sobald eine GbR den Zweck eines Handelsgewerbes verfolgt, wird sie automatisch zur Offenen Handelsgesellschaft (OHG) (BGB, 2020).

OHG

Auch für die Offene Handelsgesellschaft sind mindestens zwei Gesellschafter notwendig, die sich zusammenschließen, um ein Gewerbe zu betreiben. Wenn Sie Gesellschafter in einer OHG sind, gelten für Sie die rechtlichen Bestimmungen des Handelsrechts, da Sie rein rechtlich gesehen ein Kaufmann sind. Für die Gründung gelten allerdings exakt dieselben Regeln wie bei der GbR. Eine OHG muss jedoch, anders als die GbR, ins Handelsregister eingetragen werden. Hierzu suchen Sie Ihr zuständiges Amtsgericht auf. Diesen wichtigen Schritt sollten Sie nicht vergessen, bei Nichtbeachtung der Vorschrift droht eine Strafzahlung. Die Gesellschafter der OHG haften persönlich und unbeschränkt. Das heißt, Sie müssen, wie bei einem Einzelunternehmen, als Gesellschafter mit Ihrem privaten Geld haften, sollte sich die OHG verschulden. Gleiches gilt für Ihre Mitgesellschafter*innen (Hefermehl, Handelsgesetzbuch HGB: mit Seehandelsrecht, mit Wechselgesetz und Scheckgesetz und Publizitätsgesetz, 2019).

KG

Die Kommanditgesellschaft ist eine besondere Form der Personengesellschaft. Wie bei der OHG ist die Voraussetzung das Vorhandensein mindestens zweier Gesellschafter, die gemeinsam ein Handelsgewerbe betreiben. Besonders hierbei ist die spezielle Regelung im Falle der Haftung. Bei der KG haftet mindestens ein Gesellschafter unbegrenzt und mit seinem gesamten Privatvermögen für die Verbindlichkeiten der Gesellschaft (Komplementär), während der andere Gesellschafter oder die andere Gesellschafterin lediglich mit ihrer Kapitaleinlage haften (Kommanditist/en). Der Komplementär trägt also ein erheblich größeres Risiko, ist aber auch zur Führung der Geschäfte alleine berechtigt. Sie benötigen für die Gründung kein Mindestkapital. Die KG muss, wie auch die OHG, ins Handelsregister eingetragen werden. Über die Gründung einer KG sollten Sie jedoch nur nachdenken, wenn Sie einen oder mehrere Gesellschafter*innen haben, denen Sie in einem hohen Maße vertrauen, ansonsten könnte sich die klare Hierarchie zwischen dem Komplementär und dem Kommanditisten als problematisch für das gemeinsame Wirtschaften erweisen (Hefermehl, Handelsgesetzbuch HGB: mit Seehandelsrecht, mit Wechselgesetz und Scheckgesetz und Publizitätsgesetz, 2019).

Nachdem wir nun die Personengesellschaften näher kennengelernt haben, beschäftigen wir uns im nächsten Abschnitt mit den Kapitalgesellschaften. Wie der Name bereits verrät, benötigen Sie für die Gründung einer solchen Gesellschaft ein gewisses Grundkapital. Auch die Kapitalgesellschaften kennen verschiedene Rechtsformen, die im Folgenden kurz dargestellt werden:

Kapitalgesellschaften
GmbH Die Gesellschaft mit beschränkter Haftung (GmbH) ist die häufigste Form der Kapitalgesellschaften in Deutschland. Eine GmbH kann man auch als Einzelperson gründen (man spricht von einer Ein-Mann-GmbH), häufiger ist jedoch die Gründung durch mehrere Gesellschafter. Auch hier wird ein Gesellschaftervertrag aufgesetzt, der in diesem Falle Satzung heißt. Die Satzung muss notariell beglaubigt werden. Sie muss den Namen der Firma, den Firmensitz, den Gegenstand des Unternehmens sowie die Höhe des Stammkapitals und die Aufteilung der Geschäftsanteile erhalten. Ferner ist ein Geschäftsführer zu installieren, der ebenfalls Gesellschafter sein kann. Der Geschäftsführer meldet die GmbH zur Eintragung ins Handelsregister an. Aufgrund der Notar-, Anwalts-, und Gerichtskosten müssen Sie mit einem Aufwand von circa 450 bis 1.000 Euro für die Gründung einer GmbH rechnen. Für eventuelle Verbindlichkeiten haften die Gesellschafter mit dem Vermögen der Gesellschaft, das private Vermögen der Gesellschafter

bleibt auf alle Fälle unberührt. Das Stammkapital einer GmbH beträgt laut Gesetz 25.000 Euro, zur Gründung genügt jedoch eine Einlage in Höhe von 12.500 Euro (Hirte, Aktiengesetz. GmbH-Gesetz: mit Umwandlungsgesetz, Wertpapiererwerbs- und Übernahmegesetz, Mitbestimmungsgesetzen und Deutschem Corporate Governance Kodex, 2017).

UG

Die Unternehmergesellschaft (UG) ist im Grunde keine eigene Rechtsform. Es handelt sich rein rechtlich um eine GmbH mit einem geringeren Stammkapital als 25.000 Euro. Sie kann bereits mit einem Startkapital von einem Euro gegründet werden, was ihr den umgangssprachlichen Namen „Mini-GmbH" eingebracht hat. Im Gegenzug dafür müssen jedoch mindestens 25 Prozent des Jahresüberschusses als Rücklage einbehalten werden, bis die Summe von 25.000 Euro erreicht ist. In Existenzgründerkreisen erfreut sich die UG einer großen Beliebtheit, die Gründung der UG funktioniert exakt so, wie die Gründung der klassischen GmbH (Hirte, Aktiengesetz. GmbH-Gesetz: mit Umwandlungsgesetz, Wertpapiererwerbs- und Übernahmegesetz, Mitbestimmungsgesetzen und Deutschem Corporate Governance Kodex, 2017).

Limited

Die Limited Company (kurz: Ltd.), wobei „limited" für haftungsbeschränkt steht, ist eine britische Gesellschaftsform, die am ehesten der deutschen GmbH entspricht. Aufgrund eines Urteils des Europäischen Gerichtshofs ist diese Rechtsform auch für Unternehmen zulässig, die ihren Hauptsitz in Deutschland haben (Internet Archive, 2006). Die Haftung der Anteilhaber ist, wie bei der GmbH, auf das Kapital des Unternehmens beschränkt, Sie müssen nicht mit Ihrem Privatvermögen haften. Auch hier muss ein Vorstand von den Gesellschaftern gewählt werden. Selbst wenn sich der Hauptsitz nicht in Großbritannien befindet, sondern in Deutschland, muss die Ltd. im britischen

Handelsregister eingetragen werden. Sie werden steuerlich allerdings wie eine deutsche Kapitalgesellschaft behandelt, es gilt das deutsche Steuerrecht. Wie auch bei der UG ist das notwendige Startkapital gering, meist reicht ein Britisches Pfund. Der größte Vorteil, den die Ltd. gegenüber deutschen Rechtsformen bietet, ist die Unkompliziertheit und die geringe Dauer des Verfahrens. Oftmals ist die Gründung einer Ltd. bereits in 24 Stunden abgeschlossen, während die Gründung einer GmbH meist mehrere Wochen dauert. Änderungen am Gesellschaftervertrag können formlos an das britische Handelsregister per Online-Meldung übermittelt werden. Nachteilig ist eindeutig, dass Sie sich mit der Gründung einer Ltd. mit Hauptsitz in Deutschland immer in zwei Rechtssystemen bewegen. Sie müssen Ihren Hauptverwaltungssitz als Zweigniederlassung ins deutsche Handelsregister eintragen lassen und müssen Ihre Buchführung sowohl nach deutschen als auch nach britischen Standards organisieren. Beide Systeme unterscheiden sich voneinander. Verspätete oder fehlerhafte Meldungen an das britische Handelsregister können weitreichende Konsequenzen haben. Die Briten sind diesbezüglich eindeutig stringenter als die Deutschen. Es drohen hohe Strafen oder bei eklatanten Verstößen gar die Auflösung der Gesellschaft (legislation.gov.uk, 2006).

Selbstverständlich handelt es sich hierbei lediglich um eine grobe Zusammenfassung. Die Lektüre dieses Abschnitts alleine wird nicht ausreichen, um Ihre endgültige Entscheidung zu manifestieren, sollten Sie sich nicht bereits ohnehin mit Rechtsformen auseinandergesetzt haben. Auch ersetzt diese Darstellung keine Rechtsberatung, schließlich schreiben hier keine ausgebildeten Juristen. Unsere Darstellung ist in erster Linie zur Orientierung gedacht, aufgrund der oben aufgelisteten Informationen können Sie höchstwahrscheinlich bereits einige Rechtsformen für das von Ihnen geplante Start-up ausschließen. Sie wissen also schon einmal, was Sie nicht wollen. Und diese Erkenntnis ist, besonders in der

Gründungsphase, meistens sehr wertvoll. Überlegen Sie sich also gut, welche Rechtsform Sie für Ihr Start-up wählen wollen und lassen Sie sich im Zweifel noch einmal juristisch beraten, bevor Sie eine finale Entscheidung treffen.

Gewerbeanmeldung

Je nachdem in welcher Branche Sie tätig werden wollen und, wie wir eben gesehen haben, je nach Rechtsform, müssen Sie sich bei unterschiedlichen behördlichen Stellen anmelden und Ihre Tätigkeit registrieren lassen. Unabhängig von sonstigen Rahmenbedingungen müssen Sie auf alle Fälle ein Gewerbe anmelden. Insbesondere freie Berufe haben oft eigene Kammern (Ärzte, Anwälte, Apotheker, etc...). Vermutlich haben Sie jedoch nicht die Absicht, eine Anwaltskanzlei oder eine medizinische Praxis zu eröffnen, schließlich wären derartige „Betriebe" auch keine Start-ups und wirklich innovativ wäre die Idee selbstredend auch nicht. Daher ist in Ihrem Fall vermutlich die Gemeinde zuständig, in der Sie gemeldet sind beziehungsweise die Gemeinde, in der Ihr Unternehmen den Hauptsitz haben soll (falls diese von Ihrem Wohnort abweicht). Gehen Sie also am besten zum Bürgeramt der zuständigen Gemeinde, dort sind sie in den allermeisten Fällen richtig. Das Bürgeramt meldet Ihr Gewerbe, falls nötig, bei der zuständigen Industrie- und Handelskammer (IHK) oder der Handwerkskammer. Wenn die Anmeldung Ihres Gewerbes zur Aufnahme in eine der Kammern führt, sind Sie verpflichtet entsprechende Beiträge an die Kammer zu entrichten.

Einige Berufe erfordern zusätzliche Konzessionen, zum Beispiel einen Personenbeförderungsschein, sollten Sie zum Beispiel planen, ein Unternehmen nach dem Vorbild von *Uber* zu gründen. Auch für Tätigkeiten in der Gastronomie brauchen Sie eine spezielle Konzession, was entscheidend wäre, wenn Sie planen auf den in den letzten Jahren stark gewachsenen Markt der Food-Trends mit einzusteigen (ein bekanntes Start-up aus diesem Bereich ist zum Beispiel *Beyond Meat*). Gerade in diesem Sektor ist das Feld in letzter Zeit reichlich bestellt worden. Es könnte also durchaus erfolgversprechend sein, sich mit den neuesten Nahrungsmitteltrends zu beschäftigen. Neben einer Konzession für ein Gastronomiegewerbe benötigen Sie dazu auch meist ein Gesundheitszeugnis, welches Sie beim zuständigen Gesundheitsamt erhalten. Nehmen Sie hierzu ein wenig Zeit mit in die Behörde. Für die Erteilung des Gesundheitszeugnisses ist eine kurze Videoschulung notwendig. Wichtig ist, dass Sie alle notwendigen Konzessionen vor Ihrem Gewerbestart beantragen, ansonsten verstoßen Sie gegen die Vorschriften.

Beim Finanzamt

Sie wollen hoch hinaus mit Ihrem Start-up? Oder vermutlich zumindest mehr als 9.408 Euro (Stand: April 2020) jährlich umsetzen? Dann werden Sie wohl steuerpflichtig und das ist grundsätzlich kein Problem. Gerade für Neugründer ist die Steuerlast nicht wirklich groß und wird Sie sehr wahrscheinlich nicht erdrücken. Dennoch müssen Sie sich ab sofort regelmäßig mit dem Finanzamt auseinandersetzen. Nehmen Sie sich, insbesondere zu Beginn, Zeit, um sich mit Steuern und Finanzplanung auseinanderzusetzen, nichts ist so teuer wie Versäumnisse und damit verbundene Strafzahlungen. Die Anmeldung beim Finanzamt erfolgt passenderweise automatisch bei der Gewerbeanmeldung. Die Wege der Bürokratie sind aber unter Umständen länger als Ihr Geduldsfaden. Wenn Sie Geld über Ihr neu gegründetes Unternehmen einnehmen wollen und zu diesem Zwecke Rechnungen schreiben, muss die **Steuernummer** darauf angegeben sein (nicht zu verwechseln mit der Steuer-Identifikationsnummer, auch Steuer-ID abgekürzt, diese erhalten Sie automatisch vom Finanzamt. Sie ist nicht gleichzusetzen mit der Steuernummer, diese muss beantragt werden).

Wenn Ihnen die Landesgrenzen nicht weit genug reichen und Sie zum Beispiel europaweit agieren möchten, brauchen Sie zusätzlich eine **Umsatzsteuer-Identifikationsnummer**. Diese muss auf Ihren

Rechnungen und auf der Steuererklärung angegeben werden. Beantragen können Sie sie beim Finanzamt.

Kümmern Sie sich rechtzeitig um Ihre Steuererklärungen und Meldungen ans Finanzamt. Wie gesagt, auch wenn das Entrichten der Steuer logischerweise meist kein Vergnügen ist, kommt es Sie wesentlich teurer zu stehen, wenn Sie die vorgegebenen Fristen versäumen. Säumniszuschläge können erhoben werden, im schlimmsten Fall droht Ihnen eine Anzeige wegen Steuervergehen. Schließen Sie sich also mit dem Finanzamt kurz, fragen Sie am besten direkt vor Ort Ihre/n zuständigen Sachbearbeiter*in, ob es noch etwas zu beachten gibt. Früher oder später automatisieren sich die Abläufe ohnehin und Sie werden mit jeder Steuererklärung fitter und sicherer in Bezug auf Finanzfragen.

ZUSAMMEN SIND SIE STÄRKER

Gesellschafter*innen und Kooperationspartner *innen gewinnen

Ein erfolgreiches Start-up alleine aufzubauen ist meistens ein kompliziertes Unterfangen. Auf sich allein gestellt auf dem Markt zu bestehen ist eine echte Mammutaufgabe, schließlich schläft Ihre Konkurrenz sprichwörtlich nicht. Überlegen Sie daher gut, ob es sinnvoll sein kann, Kooperationen einzugehen. Das heißt, mit Spezialisten auf Ihrem Gebiet in Kontakt zu treten und sich im besten Falle zu vernetzen. Nehmen wir also an, Sie wollen ein Start-up gründen, das im Lebensmittelsektor tätig werden soll. Wenn Sie nicht selbst eine Ausbildung oder ein Studium mit ernährungswissenschaftlichem Hintergrund absolviert haben, wäre es mit Sicherheit sinnvoll, sich mit einem Experten oder einer Expertin in diesem Gebiet zu vernetzen oder sich gar zusammenzuschließen. Häufig in der Start-up-Szene sind außerdem Partnerschaften von Experten in wirtschaftlichen Bereichen (häufig BWL-, VWL,- oder Wirtschaftswissenschaftsabsolventen) mit Partner, die einen eher kreativen Background haben (Grafikdesigner, Produktdesigner, etc...). Im Idealfall ergänzen Sie sich mit Ihren Kooperationspartnern, sodass Sie mit geballter

Kompetenz für Ihr Start-up aufwarten können. Nutzen Sie auch sozialen Netzwerke, zum Beispiel LinkedIn oder Xing. Nie in der Geschichte der Menschheit war es so einfach sich zu vernetzen. Nutzen Sie diese Möglichkeiten, um optimale Voraussetzungen für den Start Ihres eigenen Unternehmens zu schaffen.

Unter Umständen kann es sogar sinnvoll sein, ausgewählte Partner von Beginn an in Ihrem Start-up zu beteiligen. So wurde zum Beispiel das bereits erwähnte Start-up Einhorn ebenso von zwei gleichberechtigten Partnern gegründet wie der Onlineversandhändler Zalando, heute längst deutscher Marktführer in seinem Segment. Wichtig ist natürlich, dass Sie dem Partner oder der Partnerin vertrauen, dass Sie ähnliche Vorstellungen bezüglich der Entwicklung des Unternehmens haben, kurzum: dass eine fruchtbare, kooperative Zusammenarbeit zwischen Ihnen problemlos möglich ist. Sollte dies nicht der Fall sein, werden Sie sich vermutlich eher gegenseitig blockieren, als gemeinsam erfolgreich zu sein. Sollten Sie allerdings eine/n Ihrer Meinung nach geeignete/n Partner*in gefunden haben, sollten Sie zunächst einen Gesellschaftervertrag (auch Gesellschaftsvertrag genannt) aufsetzen. Die Relevanz des Gesellschaftervertrags haben wir bereits bei der Vorstellung der verschiedenen Rechtsformen kurz erwähnt. Mit dem Gesellschaftervertrag legen Sie die Rechtsgrundlagen für Ihr Unternehmen fest und regeln Ihre Kompetenzen innerhalb der Firma.

Ein Gesellschafter oder eine Gesellschafterin ist kein/e Angestellte/r. Sie müssen sich darüber im Klaren sein, dass Sie gleichberechtigte Partner in Ihrem Start-up sein werden, selbst wenn die Idee oder das Konzept von Ihnen stammt. Gesellschafter verfügen in vielen Bereichen über dieselben Rechte und Pflichten. Das bedeutet auch, dass Ihr Mitgesellschafter ein Mitspracherecht hat, was die Entwicklung des Start-ups anbelangt. Werden Sie sich darüber im Vorfeld grundsätzlich einig, situationsbedingte Änderungen sind nicht kalkulierbar und werden sehr wahrscheinlich auf Sie zukommen. Je nachdem, welches

Produkt oder welche Dienstleistung Sie an den Mann bringen wollen, können saisonbedingte Schwankungen auftreten. Auch sind Sie natürlich ein Stück weit stets abhängig von den Entwicklungen auf den Finanzmärkten. Ist die Konjunktur gerade gut oder nicht? Wie ist es um die Kaufkraft der Menschen bestellt? Gibt es Zinsen, zum Beispiel auf Erspartes oder lohnt es sich eher, das Geld direkt auszugeben, zu investieren? Vor Schwankungen, die auf derartige Faktoren zurückzuführen sind, wird Ihr Unternehmen nicht gefeit sein. Möglicherweise müssen Sie Ihre Pläne korrigieren. Doch sollten die externen, das heißt die marktbedingten Faktoren stabil bleiben, sollten Sie wissen, wohin Sie Ihr gemeinsames Unternehmen entwickeln wollen.

Mit Angestellten auf dem Weg zum Erfolg

Ihr Mitgesellschafter ist also kein Angestellter, sondern ein Partner. Eventuell kann es dennoch sinnvoll sein, sich über die Einstellung von Mitarbeiter*innen Gedanken zu machen. Brauchen Sie jemanden, der sich um die IT kümmert? Schaffen Sie es, sowohl vom zeitlichen als auch vom fachlichen Aspekt her, die Buchhaltung Ihres Unternehmens zu übernehmen? Vielleicht brauchen Sie Lieferanten, wenn Sie etwa an Start-ups wie Lieferando oder Lieferheld denken. Die Idee kann schließlich so erfolgversprechend sein, wie sie will, wenn niemand die Pizza oder die Hamburger ausliefert, werden Sie keine Kunden für sich gewinnen können. Schließlich werden Sie, wenn Sie mit Ihrem Start-up überregional und längerfristig erfolgreich sein wollen, professionelles Marketing und Werbung benötigen. Zur richtigen Vermarktung Ihres Start-ups haben wir ein eigenes Kapitel für Sie vorbereitet, welches die Relevanz guten Marketings und passender Werbung unterstreicht. Sie können sich für diese Zwecke an externe Agenturen wenden, müssen diese aber selbstverständlich entsprechend entlohnen. Unter Umständen könnte es sinnvoll sein, einen oder mehrere Marketingexperten in Ihrem Betrieb anzustellen. Das spart zum einen die Kosten für die

Beauftragung externer Dienstleister, zum anderen sind eigene Mitarbeiter immer enger mit Ihnen und Ihrem Unternehmen verbunden als eine Agentur, die fünf bis sechs verschiedene Kunden pro Monat bedient. Einem fest angestellten Mitarbeiter liegt auch persönlich etwas daran, dass das Unternehmen erfolgreich wird, schließlich ist die eigene Stelle mit dem Erfolg des Unternehmens verknüpft.

Ob nun im Bereich Marketing oder in der Buchhaltung gilt natürlich für alle Ihre Angestellten dasselbe wie für Ihre Gesellschafter: Sie müssen ein gewisses Vertrauen in sie haben, Sie müssen zusammenarbeiten können. Ein Mindestmaß an persönlicher Sympathie hilft selbstredend, ist aber nicht zwingend notwendig. Sie müssen keine guten Freunde werden. Solange Sie auf der geschäftlichen, das heißt, der inhaltlichen Ebene, gut und produktiv zusammenarbeiten können, ist alles in bester Ordnung. Auch eine Mitarbeiterin oder ein Mitarbeiter sollten sich, wenn auch nicht im selben Maße wie ein Gesellschafter, mit den Zielen und Absichten des Unternehmens identifizieren können. Bieten Sie beispielsweise Dienstleistungen aus der Finanzbranche, wie etwa Versicherungspolicen an, sollten Ihre Mitarbeiter*innen keine grundsätzliche Abneigung gegen die Finanzbranche oder gegen Finanzdienstleistungen haben. Selbst wenn Ihre Mitarbeiterin nicht für das Marketing, sondern für die Buchhaltung oder die Terminplanung verantwortlich ist, wird sich vermutlich die Aversion gegen die Ziele des Unternehmens unterschwellig bemerkbar machen. Achten Sie darauf, dass alle Ihre Mitarbeiter*innen zumindest auf der inhaltlichen Ebene hinter Ihnen und Ihrer Zielsetzung stehen.

Die Altersstruktur in Start-up-Unternehmen ist meist relativ jung. Selbiges gilt auch für die Gründer in der Start-up-Szene selbst. Die meisten Gründer*innen im Zeitraum von 2013 bis 2019 waren laut der Online-Datenbank von Statista zwischen 25 und 34 Jahren alt (Statista.com, 2019). Junge Mitarbeiter*innen haben den Vorteil, dass sie meistens sehr offen für neue Geschäftsideen sind. Dass sie noch nicht durch jahrelange Berufstätigkeit „abgestumpft“ sind, zum Beispiel durch die jahrelange ständige Wiederholung gleicher Arbeitsabläufe. Außerdem ist die Bedienung sämtlicher technischer Gerätschaften oder auch Apps für jüngere Mitarbeiter*innen meist intuitiv. Bedenken Sie aber, dass auch erfahrene Mitarbeiter*innen Qualitäten einzubringen haben. Erfahrung im Geschäftsleben ist ein wichtiger Aspekt, den Sie nicht unberücksichtigt lassen sollten. Sollten Sie und eventuelle Gesellschafter*innen über keinerlei praktische Erfahrung in der Führung eines Unternehmens haben, können Ihnen erfahrene, langjährig in der Wirtschaft tätige Arbeitskräfte eine große Hilfe sein. Egal wie hip, wie jugendlich oder dynamisch Ihr Konzept sein soll, machen Sie nicht den Fehler, ältere Bewerber*innen grundsätzlich auszuschließen, sondern lassen Sie sich vielmehr von ihnen helfen. Frei nach dem alten Spruch: „Neue Besen kehren gut, aber die alten Besen kennen die Ecken“. Auch hier kommt es, wie so oft, auf die richtige Mischung an.

Bei den Mitarbeitern untereinander sollten Sie auf ein gutes Betriebsklima achten. Ihre Angestellten sollten sich miteinander verstehen, zumindest auf der beruflichen Ebene. Ansonsten sind Sie eher als Konfliktmanager, denn als eigentlicher Vorgesetzter gefragt. Kommunizieren Sie die Grundlagen einer gemeinsamen Vertrauensbasis aktiv an Ihre Mitarbeiter. Machen Sie klar und deutlich, wofür Sie stehen, was Sie erwarten, aber auch was Sie bereit sind zu geben.

Nichts ist schlimmer, als Vorgesetzte, die man nicht einschätzen kann, die Mal das eine und Mal das andere wollen und dabei sprunghaft und unzuverlässig wirken. Mit einem solchen Verhalten verunsichern oder demotivieren Sie Mitarbeiter. Klare Ziele helfen den Mitarbeitern ebenfalls, ihre Aufgaben zielorientierter und damit effektiver zu erledigen. Schließlich sind Menschen meist produktiver und motivierter, wenn sie wissen, wofür sie arbeiten, was die Hintergründe und was die Ziele dieser Arbeit sind. Gerade zu Beginn werden Sie einen überschaubaren Stab an Mitarbeitern beschäftigen, daher fällt es Ihnen leichter, eine gemeinsame unternehmerische Zielsetzung zu kommunizieren als zum Beispiel Großkonzernen wie Siemens oder Bayer, die global agieren und in Hunderte einzelne Abteilungen untergliedert sind. Machen Sie deutlich, wo Sie als Unternehmer hinwollen. Machen Sie Ihren Mitarbeitern klar, dass Sie auf deren Unterstützung angewiesen sind, um diesen Weg gemeinsam erfolgreich zu bestreiten.

Start-ups zeichnen sich oft durch eine, im Vergleich zu etablierten Firmen mit althergebrachten Strukturen, flexible Arbeitsweise aus. Gleitzeit oder auch Heimarbeit sollte ermöglicht werden, die meisten Angestellten heute wollen nicht bloß einen eigenen Schreibtisch und einen Gehaltszettel am Ende des Monats, sie wollen sich in ihrem Job verwirklichen und darin auch ein Stück weit persönlich aufgehen können. Und das ist schließlich auch ihr gutes Recht. Die Vereinbarkeit von Familie und Beruf ist besonders jungen Frauen oft sehr wichtig. Diese haben es auf dem Arbeitsmarkt meist schwer, da viele Firmen Ausfallzeiten aufgrund von Schwangerschaft und Elternzeit befürchten. Doch sind junge Frauen nicht genauso qualifiziert wie junge Männer oder ältere Geschlechtsgenossinnen?

Haben Sie also keine Angst vor einem eventuellen Arbeitsausfall. Sehen Sie die positive Seite: Wenn Sie sich als Arbeitgeber flexibel und hilfsbereit zeigen und Ihre Mitarbeiterin in dieser Situation angemessen unterstützen, wird Sie Ihnen sehr dankbar sein und Ihnen diese Dankbarkeit in Form von guter Arbeit zurückzahlen. Wenn die Tätigkeit es erlaubt, seinen Sie flexibel, gewährleisten Sie die Möglichkeit auf Homeoffice oder warum sollte man ein Kind nicht mit an den Arbeitsplatz bringen dürfen? Natürlich muss über allem das Geschäftliche stehen. Es bringt Ihnen freilich nichts, eine Wohlfühloase für Ihre Mitarbeiter*innen zu schaffen, die aber letztlich dazu führt, dass unproduktiv gearbeitet wird.

Auch die mittlerweile allseits bekannte Tatsache, dass ein zufriedener Mitarbeiter in der Regel ein motivierterer und damit fleißigerer

Mitarbeiter ist, sollten Sie stets im Hinterkopf behalten. An dieser Stelle sei die Lektüre des Buches „Kleine Ursache – große Wirkung: Wertschätzung von hochqualifizierten Mitarbeitern“ (Elsner, 2012) von Katrin Elsner empfohlen, die das eben beschriebene Phänomen aus einer arbeitssoziologischen Perspektive betrachtet und einordnet. Viele Start-ups greifen auf eine besondere Einrichtung der Büroräume zurück. Die Individualisierung der Gesellschaft macht auch vor dem Geschäftsleben nicht Halt, der „feste Arbeitsplatz“ mit standardisierter Einrichtung und genormter Zuteilung genauer Arbeitsbereiche, wie zu Zeiten von Ford oder Taylor, ist heute zumindest aus dem Dunstkreis der Gründerszene weitestgehend verschwunden. Arbeit findet längst nicht nur noch in einem Büro statt. Auch ist die Trennung von Arbeitsraum und Privatleben nicht mehr in einer so klar trennbaren Form gegeben, wie es früher einmal der Fall gewesen ist. Gearbeitet werden kann schließlich, dank der Digitalisierung, von beinahe jedem Ort der Welt aus.

Creative Offices als Methode der Kreativitätsförderung

Alternative Raumkonzepte am Arbeitsplatz sind jedoch keine reine Spielerei und nicht ausschließlich dem modernen Zeitgeist geschuldet, sie sind in der Tat geneigt, die Kreativität der Mitarbeiter*innen zu steigern. Gerade bei einem Start-up kommt es auch auf Kreativität an, neue Produkte, neue Designs, neue Ideen; Marktlücken sollen erkannt und geschlossen werden, alternative Konzepte vermarktet werden – um an diesen Zielsetzungen zu arbeiten, sind die sogenannten „Creative Offices“ eine perfekte Umgebung. Offene Räume ohne Trennwände gehören beispielsweise zu diesem Konzept, ebenso die Förderung des Dialogs der Mitarbeiter*innen untereinander. Schließlich entstehen beim Austausch von Gedanken und gemeinsamen Brainstorming oftmals die besten Ideen. An dieser Stelle sei eine weitere Literaturempfehlung gegeben. Günter Krampen liefert in seinem Buch „Psychologie der Kreativität“ interessante Ansätze zur Förderung und Erforschung von

Kreativitätsprozessen. Auch wenn sich das Buch nicht explizit auf Unternehmen oder Start-ups bezieht, lohnt sich die Lektüre, um grundlegende Erkenntnisse zu dem Thema zu gewinnen, welche Sie im Idealfall auf Ihr Unternehmenskonzept anwenden können (Krampen, 2019).

Die Anforderungen an ein solch modernes, kreatives Raumkonzept sind höher als die Anforderungen an ein klassisches Büro. Raumkonzepte werden Teil der Planung Ihres Start-ups. Ziel muss es sein arbeitspraktische mit emotionalen Elementen zu verbinden, um ein optimales Arbeitsklima der Kreativität und Produktivität zu schaffen. Zum Beispiel haben Ruhesessel oder gepolsterte Sofas in den letzten Jahren vermehrt Einzug in Arbeitsräume gehalten. Waren sie früher noch den obersten Vorgesetzten vorbehalten, sind sie heute integraler Bestandteil eines Creative Office. Dabei bedürfe es eines Umdenkprozesses, auch und gerade in den Führungsebenen von Betrieben.

Ein Mitarbeiter, der mit seinem Laptop auf einem Sofa sitze, sei keineswegs unproduktiv oder faul, sondern unter Umständen sogar das genaue Gegenteil davon. Der Soziologe Roman Muschiol untersuchte bereits 2007 das hier beschriebene Phänomen in seinem Buch „Begegnungsqualität in Bürogebäuden: Ergebnisse einer empirischen Studie“. Unter anderem hält der Autor fest: „Es bedarf einer Förderung der emotionalen Faktoren, um die Produktivität im Wissenssektor nachhaltig zu fördern“ (Muschiol, 2007).

Orientieren Sie sich also bei der Einrichtung Ihrer Büroräumlichkeiten nicht zu sehr an Tradiertem oder an dem, was Sie bereits aus dem Büro Ihrer Eltern kennen. Seien Sie offen und denken Sie intensiv darüber nach, ob das Konzept der Creative Offices nicht sinnvoll und hilfreich für das Arbeitsklima in Ihrem Start-up sein könnte. Start-ups zeichnen sich nun einmal durch Kreativität aus. Wenden Sie daher moderne Konzepte zur Kreativitätsförderung an. Besonders jüngere und kreative Menschen werden sich von diesen Konzepten angesprochen fühlen. Sie haben also etwas zu bieten für Ihre potenziellen Angestellten. Sie können dazu die empfohlene Literatur lesen (darüber hinaus gibt es natürlich noch weitere Quellen, die Sie zurate ziehen können. Die im Text genannten sind lediglich eine Auswahl) oder aber Sie werden selbst kreativ und entwickeln Ihr eigenes Konzept für ein Creative Office. Sicherlich werden Ihnen viele gute Ideen dazu einfallen.

BUSINESSPLAN

Vielleicht scheint es Ihnen auf den ersten Blick überflüssig und ein wenig aus der Zeit gefallen zu sein, einen klassischen Businessplan zu schreiben. In der Tat mag der Businessplan nicht mehr die herausragende Bedeutung haben, wie noch vor zwanzig Jahren. Flotte Bildschirmpräsentationen oder Pitches bei diversen Gründerwettbewerben, die mittlerweile bundesweit veranstaltet werden, scheinen die modernere Version des Businessplans zu sein. Doch obsolet wird dieser dadurch in keinem Fall. Erstens hilft Ihnen dieser Plan, um Struktur in die eigenen Gedanken zu bringen, um Ihre Finanzierung nochmals durchzudenken (vielleicht stellen Sie dabei ja Fehler oder Ungereimtheiten fest) und zweitens ist der Businessplan noch immer unerlässlich, wenn Sie bei potenziellen Investoren vorstellig werden. Wer Kapital in Ihre Idee investiert, will nämlich in der Regel sehr genau wissen, wie Sie sich die Finanzierung Ihres Start-ups vorstellen.

Wie Ihre Pläne für die Zukunft aussehen und wie realistisch diese sind. Schreiben Sie also unbedingt einen klassischen Businessplan. Tun Sie es für sich zu Ordnungs- und Kontrollzwecken und tun Sie es vor allem für Ihre zukünftigen Investoren, denn ohne diese, können Sie Ihre Ziele vermutlich nicht erreichen.

Wie stellt man einen Businessplan auf? Wenn Sie den Begriff im Internet suchen, werden Sie jede Menge Muster finden, die Sie, so die Betreiber der Webseiten, einfach übernehmen können. Sicherlich finden Sie in diesem reichlichen Angebot gute Beispiele, die auch zu Ihrem

Start-up passen, allerdings werden Sie auch unpassende Schemata finden, an denen Sie sich besser nicht orientieren sollten. Allgemein gibt es Kriterien, anhand derer Sie einen guten Businessplan erkennen können:

- Ein guter Businessplan hat ein Inhaltsverzeichnis. In diesem finden Sie zu Beginn des Dokuments eine Übersicht über die wichtigsten Punkte Ihres Plans.
- Eine konkrete Beschreibung Ihrer Tätigkeit. Dass Sie sich selbstständig machen und eine Firma gründen wollen ist vollkommen klar, ansonsten hätten Sie den Plan nicht erstellen müssen. Beschreiben Sie Ihre geplante Tätigkeit konkret.
- Wenn Sie etwas selbst produzieren oder herstellen möchten, legen Sie dar, wie Sie dieses Vorhaben umsetzen wollen. Benötigen Sie Maschinen, Mitarbeiter? Haben Sie diese bereits in der Hinterhand? Wie genau soll der Ablauf der Produktion vonstattengehen?
- Definieren Sie Ihre Zielgruppe. Beschreiben Sie möglichst genau, welche Art von Kund*innen Sie ansprechen möchten.
- Beschreiben Sie Ihre Geschäftsidee möglichst konkret. Was bieten Sie konkret an? Welche Preise sollen für die verschiedenen Produkte oder Dienstleistungen veranschlagt werden? Wozu wird Ihr Produkt oder Ihre Dienstleistung benötigt?
- Machen Sie deutlich, welche Rechtsform Sie für Ihr Start-up gewählt haben.
- Beschreiben Sie den Markt, auf dem Sie sich etablieren wollen. Wie ist die Konkurrenzsituation? Gibt es ortsgebundene Konkurrenz? Haben Sie vielleicht überhaupt keine Konkurrenten, da Sie einen völlig neuen Markt erschließen? Stellen Sie die Situation ehrlich und so konkret (am besten mit Daten unterfüttert) wie möglich dar.
- Haben Sie bestimmte Werte, für die Ihr Unternehmen eintreten wird? Förderung von ökologischer Produktion, Recycling, Förderung sozial benachteiligter Menschen, etc… Stellen Sie diese Werte dar und

erläutern Sie kurz, wie Sie gedenken diese Werte in konkretes Handeln umzusetzen.

• Stellen Sie ferner dar, inwiefern der Vertrieb organisiert werden soll. Dazu gehört auch das Marketing, also Ihre Kommunikation mit dem Kunden. Wie wollen Sie Kunden gewinnen? Wie wollen Sie auf sich aufmerksam machen? Stellen Sie eine überlegte Strategie dar, diese sollte sich natürlich bestenfalls auf Ihre Zielgruppe beziehen.

• Stellen Sie Ihre Partner*innen vor, sollten Sie welche haben. Mit wem arbeiten Sie zusammen und was wollen Sie mit der Partnerschaft erreichen? Warum ist diese sinnvoll?

• Stellen Sie sich selbst und Ihr Team vor. Wer sind Sie? Warum möchten Sie genau diese Firma gründen? Welche Qualifikationen können Sie auf Ihrem Sektor in die Firma miteinbringen? Was möchten Sie gemeinsam als Team erreichen?

• Stellen Sie auch die Risiken dar, die Ihr Geschäftsmodell mit sich bringt. Haben Sie eventuell saisonbedingte Schwankungen zu erwarten? Haben Sie große Konkurrenz, die es auszustechen gilt oder ist der Markt dermaßen neu und unergründet, dass Sie eventuell weniger erfolgreich sind, als Sie es geplant haben? Seien Sie ehrlich. Jedes Geschäftsmodell birgt Risiken, das wissen auch potenzielle Kreditgeber. Stellen Sie bestenfalls ebenso dar, wie Sie die genannten Risiken möglichst klein halten möchten.

• Liefern Sie eine Aufstellung Ihrer Finanzen. Welche Betriebsausgaben haben Sie? Haben Sie bereits Startkapital und wenn ja wie hoch ist es? Sie können auch Ihre privaten Fixkosten mit aufführen, schließlich ist das die Summe, die Sie aus Ihrem Start-up „herausziehen" müssen, damit Sie überleben können. Stellen Sie Ihre Umsatzerwartungen dar, begründen Sie, warum Sie Umsätze in diesen Höhen erwarten.

Wenn Sie diese Kriterien allesamt berücksichtigen, können Sie sicher sein, einen gut strukturierten und inhaltlich fundierten Businessplan aufgestellt zu haben. Nutzen Sie Tabellen und Grafiken. Das macht Ihren Plan anschaulicher und zeigt zudem, dass Sie sich Gedanken gemacht haben. Daten wirken immer seriöser als Schätzungen, Tabellen sind übersichtlicher als Beschreibungen oder Aufzählungen und mit einer geeigneten Grafik können Sie mehrere Faktoren gebündelt und verständlich darstellen.
Denken Sie immer auch daran, dass Sie auf Grundlage des Businessplans Kreditgeber und Investoren gewinnen können. Sollten Sie selbst merken, dass es in Ihrem Businessplan Unstimmigkeiten gibt, dass Rechnungen keinen Sinn ergeben oder dass Sie einzelne Aspekte Ihres Plans nicht ausreichend erklären können, überarbeiten Sie den Plan unbedingt. Es mag mühsam sein, einen wirklich guten Businessplan zu entwerfen. Es kostet sicherlich auch Zeit und Energie, aber Sie tun sich keinen Gefallen, wenn Sie diese Aufgabe halbherzig angehen. Unabhängig davon, ob Sie Kreditgeber akquirieren möchten, ist es auch für Sie persönlich ein wichtiger Hinweis, wenn Sie Ungereimtheiten in Ihrem Businessplan entdecken. Vielleicht haben Sie etwas nicht gut kalkuliert, vielleicht haben Sie Ihre Chancen zu hoch oder Ihre Risiken zu gering eingeschätzt. Es mag wie eine Floskel klingen, aber die Gründungsphase ist die wichtigste Phase für die Entwicklung Ihrer Firma. Ein Start-up mit größeren „Geburtsfehlern" wird sich vermutlich nie zu einem erfolgreichen Unternehmen entwickeln können.

Vorlagen aus dem Netz anzuschauen, ist keine Schande. Sie hatten vermutlich noch nie zuvor mit einem Businessplan zu tun, recherchieren Sie also bedenkenlos und lassen Sie sich inspirieren. Natürlich sollten Sie nichts Wort für Wort aus dem Internet übernehmen. Die Seite gruenderplattform.de bietet Ihnen beispielsweise ein Muster, welches Sie sich kostenlos als PDF-Datei herunterladen können. In diesem Muster finden Sie alle oben genannten Punkte wieder und können gut nachvollziehen, wie die einzelnen Absätze ausformuliert werden können. Je nachdem, welches Geschäftsmodell Sie verfolgen, kann die Länge der einzelnen Abschnitte natürlich auch variieren. Sollten Sie zum Beispiel keine Partner*innen haben, mit denen Sie zusammenarbeiten möchten, entfällt der Punkt, unter dem Sie diese vorstellen sollen, und so weiter. Manche Industrie- und Handelskammern (IHK) bieten ebenfalls Anleitungen oder Muster für Businesspläne auf ihren Webseiten an. Dort können Sie selbstverständlich sicher sein, dass Sie es mit seriösen Angeboten zu tun haben. Machen Sie sich also schlau, recherchieren Sie und schreiben Sie dann Ihren persönlichen Businessplan. Danach werden Sie klarer vor Augen haben, welche Stärken und Schwächen Ihr Konzept hat, wo es Probleme geben könnte und was Sie vielleicht bisher vergessen haben. Haben Sie diese Mängel behoben, können Sie sich mit dem fertigen Plan an potenzielle Kreditgeber wenden und diese davon überzeugen, in Ihr Start-up zu investieren.

WER SOLL DAS BEZAHLEN? FINANZIERUNG UND KOSTEN

Wer ein erfolgreiches Start-up gründen will, muss dafür nicht reich sein. Das Start-up zeichnet sich schließlich, wie wir zu Beginn des Buches gesehen haben, gerade dadurch aus, dass die finanziellen Mittel der Gründer*innen bei der Gründung eben nicht exorbitant hoch sind. Gewisse finanzielle Mittel sollten Ihnen jedoch zur Verfügung stehen, um Ihnen einen guten Start ins Geschäftsleben zu ermöglichen.

Ihre Mittel sind aber sehr wahrscheinlich begrenzt. Die meisten Gründer*innen können ihre Gründung nicht vollkommen aus eigener Tasche finanzieren. Im Idealfall haben Sie vielleicht im familiären Umfeld oder im Freundes- und Bekanntenkreis Menschen, die Sie in der Anfangszeit finanziell unterstützen, doch vermutlich nicht jede oder jeder von Ihnen kann auf diese Möglichkeit zurückgreifen.

Staatliche Förderung

Der Vorteil in Ihrem Fall ist, dass es für innovative Start-up-Unternehmen vielerlei Möglichkeiten der Förderung gibt. Diese kann sowohl von privaten Investoren als auch zum Beispiel vom Staat kommen. Wenn Sie Ihre selbstständige Tätigkeit seit weniger als zwei Jahren betreiben, sind Sie in aller Regel förderberechtigt. Sie sind rechtlich gesehen ein sogenannter „Existenzgründer“ oder eine „Existenzgründerin“. Allerdings haben Sie keinen sicheren Rechtsanspruch auf eine staatliche Förderung, auf die Sie sich im Zweifel zum Beispiel vor einem Gericht berufen könnten. Sie müssen einen Antrag stellen, welcher von den Behörden bewilligt oder abgelehnt werden kann. Ihre Chancen auf eine Bewilligung stehen jedoch gut, wenn Sie sich clever anstellen.

Es ist empfehlenswert, sich gezielt auf ein spezielles Förderprogramm zu bewerben, welches zu Ihrem Geschäftsmodell passt. Auch hierbei spielt der zuvor besprochene Businessplan eine Rolle. Diesen sollten Sie bei der Beantragung von Fördermitteln mit einreichen. Ist er gut strukturiert und inhaltlich überzeugend, erhöht das Ihre Chancen auf Bewilligung des Antrages enorm.

Stellen Sie den Antrag rechtzeitig. Fördermittel stehen Ihnen meist nur in der Gründungsphase Ihres Start-ups zu. In der Regel gilt diese als abgeschlossen, wenn Sie den ersten Leistungs- oder Liefervertrag mit einem Kunden oder einer Kundin abgeschlossen haben. Möchten Sie also beispielsweise ökologisch produzierte Textilien herstellen und ein Bekleidungsgeschäft bestellt, auf einen längeren Zeitraum hin angelegt, eine gewisse Menge an Produkten bei Ihnen, haben Sie einen Liefervertrag abgeschlossen, Sie sind damit nicht mehr in der Gründungsphase, auch wenn Ihre Selbstständigkeit noch keine zwei Jahre andauert. Genauso verhält es sich mit Leistungsverträgen. Sie haben eine Software entwickelt, die Finanzdienstleistungen vergleicht und die passende Dienstleistung durch einen Abgleich mit Kundendaten herausfiltert. Ein Versicherungskonzern kauft eine Lizenz für diese Software von Ihnen oder beauftragt Sie, für den Konzern die entsprechende Dienstleistung zu erbringen, das heißt, der Konzern bezahlt Sie dafür, dass Sie Ihre Dienstleistung zur Verfügung stellen. Auch in diesem Fall wären Sie, höchstwahrscheinlich, nicht mehr als Gründer*in anzusehen und damit nicht förderberechtigt.

Im Folgenden werden ausgewählte Förderprogramme für Existenzgründer dargestellt. Diese können Sie überregional, also sprich in ganz Deutschland beantragen. Oftmals gibt es zusätzlich regionale Förderprogramme. Am besten informieren Sie sich darüber im Internet. Oftmals finden Sie Informationen auf den Webseiten Ihres Bundeslandes, Landkreises oder auch bei Ihrer zuständigen IHK.

Exist Gründerstipendium:
• Hierbei handelt es sich um eine spezielle Förderung, die für Gründer*innen gedacht ist, welche direkt von der Universität kommen und ins Geschäftsleben einsteigen wollen. Entweder Sie studieren noch immer oder aber Ihr Abschluss liegt weniger als fünf Jahre zurück. Es sollte sich um „innovative technologieorientierte oder wissensbasierte" Geschäftsmodelle handeln, die zudem eine gute Aussicht auf wirtschaftlichen Erfolg haben. Sie können Zuschüsse in Höhe von bis zu 3.000 Euro für den eigenen Lebensunterhalt, bis zu 5.000 Euro für Weiterbildung und Coaching und sogar bis zu 30.000 Euro für Sachausgaben erhalten. Allerdings beträgt die maximale Dauer des Stipendiums lediglich ein Jahr. Das Exist Gründerstipendium wird vom Bundesministerium für Wirtschaft und Energie bereitgestellt (Bundesministerium für Wirtschaft und Energie, 2020).
High-Tech-Gründerfonds:
• Der High-Tech-Gründerfonds (auch mit HTG abgekürzt) ist speziell für Start-ups aus der Technikbranche vorgesehen. Die Förderung kommt hierbei nicht von einer staatlichen Institution, sondern von

der KfW-Bank (Kreditanstalt für Wiederaufbau) sowie von Unternehmen aus der Industrie, unter anderem Bosch oder BASF. Sie müssen die Förderung vor der eigentlichen Gründung beantragen. Zwei Finanzierungsphasen sind vorgesehen. In der ersten Phase können Sie bis zu einer, in der zweiten Phase bis zu zwei Millionen Euro an Fördermitteln erhalten, wenn Ihr Start-up aus dem Bereich Internet, Software, Medien oder Life Science und Chemie kommt. Wichtig zu beachten ist: Die Förderung kommt nur Kapitalgesellschaften zugute, womit wir erneut bei der Frage nach der Rechtsform angelangt wären. Die Aufnahme des Geschäftsbetriebs darf nicht mehr als drei Jahre zurückliegen (High-Tech-Gründerfonds, 2020).
Mikromezzaninfonds: • Diese Förderung kommt Kleinunternehmern mit einem niedrigen Startkapital zugute. Die Förderung wird Ihrem Eigenkapital zugeschrieben. Damit haben Sie ein höheres Startkapital und kommen einfacher an Kredite. Der Fonds ist insbesondere für die Förderung sozialer und ökologischer Projekte gedacht. Sie können ihn aber auch erhalten, wenn Sie sich hauptsächlich an wirtschaftlichen Gewinnen orientieren, wenn die Gründerin weiblich ist, der Gründer oder die Gründerin Migrationshintergrund hat oder aus der Arbeitslosigkeit in die Existenzgründung wechselt. Auch Ausbildungsbetrieben kommt der Fonds zugute. Die Finanzierung erfolgt über den Europäischen Sozialfonds (ESF) und aus Mitteln des European Recovery Programs (ERP) (Mikromezzaninfonds-Deutschland, 2020).
INVEST-Programm: • Das Förderprogramm INVEST ist vorrangig zur Unterstützung junger Unternehmen vorgesehen und soll diesen bei der Suche nach Kapitalgebern behilflich sein. Sie müssen Gründer*in einer kleinen Kapitalgesellschaft sein. Außerdem darf Ihr Unternehmen nicht älter als sieben Jahre sein. Eine kleine Kapitalgesellschaft ist definiert als ein Betrieb mit unter 50 Mitarbeiter*innen und einem Umsatzvolumen

von unter zehn Millionen Euro pro Jahr. Der Hauptsitz Ihres Start-ups muss sich in der Europäischen Union (EU) oder dem Europäischen Wirtschaftsraum (EWR) befinden. Ferner müssen Sie eine Niederlassung auf deutschem Boden nachweisen können. Durch die Förderung des INVEST-Programms wird Ihr Zugang zu sogenannten Kapitalgebern, also Investoren, erleichtert. Letzten Endes müssen Sie die Investoren aber selbst akquirieren. Auch hier ist der Förderer das Bundesministerium für Wirtschaft und Energie (Bundesministerium für Wirtschaft und Energie, 2020).

Zuschüsse für Empfänger von Arbeitslosengeld

- Sollten Sie Arbeitslosengeld I (ALG I) beziehen, können Sie einen Antrag auf entsprechende Förderung bei der Agentur für Arbeit stellen. Dafür müssen Sie mindestens einen Tag lang ALG I bezogen haben. Außerdem reicht es nicht aus, einen Businessplan zu erstellen, er muss von offizieller Seite geprüft werden, das heißt von der IHK oder von einem oder einer lizenzierten Unternehmensberater*in. Die Förderung ist in zwei Phasen unterteilt. In den ersten sechs Monaten nach Bewilligung des Antrags erhalten Sie einen Zuschuss von 300 Euro zusätzlich zu Ihrem ALG I. In der zweiten, neunmonatigen Phase erhalten Sie ausschließlich den Zuschuss, die ALG I-Leistungen fallen weg (Bundesagentur für Arbeit, 2020).
- Für Empfänger*innen von ALG II gibt es das sogenannte Einstiegsgeld. Sie können dieses ebenfalls bei der zuständigen Agentur für Arbeit beantragen. Sie erhalten keinen pauschalen Betrag, sondern Ihre zuständige Sachbearbeiterin oder Ihr zuständiger Sachbearbeiter berechnet einen individuell auf Sie abgestimmten Betrag, welcher Ihre Lebenshaltungskosten aber auch Kosten für Ihr Start-up deckt, zum Beispiel notwendige Anschaffungen und Investitionen für Ihr Unternehmen. Sie müssen, um die Förderung erhalten zu können, zwischen 15 und 66 Jahren alt sein. Sie müssen grundsätzlich anspruchsberechtigt für ALG II sein und Ihr Unterfangen muss Aussicht auf

wirtschaftlichen Erfolg haben. Ihre Chancen erhöhen sich also wieder, wenn Sie einen fundierten Businessplan vorlegen können. Ebenfalls helfen Ihnen Fachkenntnisse auf dem Gebiet, auf dem Sie sich selbstständig machen möchten (in Form einer Ausbildung oder eines Studiums). Dies erhöht die Chancen auf Bewilligung (Bundesagentur für Arbeit, 2019).

Private Förderung

Sollte Ihr Antrag auf staatliche Förderung abgelehnt werden oder möchten Sie aus anderen Gründen keine staatliche Hilfe beantragen, können Sie auf weitere Finanzierungsmöglichkeiten aus der Privatwirtschaft zurückgreifen.

Kreditinstitute

Schließlich besteht fast immer die Möglichkeit bei Kreditinstituten, meist sind es Banken, einen Kredit zur Gründung eines eigenen Startups zu beantragen. Sie erhalten also eine gewisse Summe an Geld, müssen diese aber zurückzahlen. Meist mit einem Zinssatz im niedrigen einstelligen Prozentbereich. Sie vereinbaren eine Laufzeit mit dem kreditgebenden Institut, diese regelt nach wie vielen Jahren Sie den Kredit beglichen haben müssen. Als Selbstständige oder Selbstständiger ist es unter Umständen kompliziert an Kredite von Banken zu gelangen. Man hat kein festes Einkommen und insbesondere als Gründer*in sind Sie stets dem Risiko ausgesetzt, dass Ihre Geschäftsidee nicht funktioniert und dass Sie deswegen Ihren Kredit nicht bedienen können. Eventuell werden Sie deshalb von den Kreditinstituten abgelehnt, zudem wird meist ein Einblick von der SCHUFA gefordert. Die SCHUFA ist ein von den Banken unabhängiger Dienstleister, der aufgrund von Daten zu Ihrer Person Ihre Kreditwürdigkeit einstuft. Sollten Sie Einträge in das SCHUFA-Register haben, bedeutet das in aller Regel, dass Sie keinen Kredit erhalten. Einträge bekommen Sie etwa, wenn Sie schon einmal einen Kredit laufen hatten, den Sie am Ende nicht bedienen konnten oder wenn zum Beispiel Pfändungsklagen gegen Sie vorliegen.

In der Regel können Sie sich als Gründer*in an die KfW melden, die Kreditanstalt für Wiederaufbau. Bei ihr handelt es sich nicht um eine Bank im klassischen Sinne. Sie bietet Kredite meist zu sehr günstigen Konditionen und mit niedrigen Zinssätzen an. Beantragen Sie also bei Ihrer Bank eine KfW-Förderung, direkt bei der KfW selbst können Sie keinen Antrag stellen. Entweder Sie schalten Ihr gewohntes Kreditinstitut (zum Beispiel die Sparkasse oder Bank, bei der Sie Ihr Girokonto haben) dazwischen, oder Sie suchen im Internet über Online-Vergleichsportale. Diese Vergleichsportale (Check 24, Smava, etc…) sind übrigens selbst meistens Start-up-Unternehmen.

Crowdfunding

Eine weitere Möglichkeit, mit der sich viele heute erfolgreiche Start-ups einst finanziert haben, ist das sogenannte Crowdfunding. Sie werben dafür, dass Sie durch Spenden (mit-)finanziert werden. Insbesondere potenzielle Kund*innen sind hier natürlich interessant, da sie auf längere Sicht selbst davon profitieren könnten, wenn Sie Ihre Geschäftsidee fördern. Wollen Sie also die vorhin bereits exemplarisch erwähnte App designen, mit der Sie schnell und unkompliziert Finanzdienstleistungen vergleichen können, hätte ein Versicherungskonzern eine Motivation, Ihnen Geld per Spende zur Verfügung zu stellen, da er von dem Produkt später einmal profitieren würde. Crowdfunding ist eine mittlerweile etablierte Methode, das Eigenkapital zu erhöhen. Bieten Sie am besten im Gegenzug für eine Spende eine kleine Probe Ihres Produktes (sollte es sich um ein konsumierbares Produkt handeln) an oder lassen Sie kleine Merchandise-Artikel produzieren und lassen Sie ein paar davon kostenlos Ihren Spender*innen zukommen. Sie werden sich über diese kleine Geste der Aufmerksamkeit sicherlich freuen. Der Vorteil beim Crowdfunding ist, dass Sie keine Kredite aufnehmen müssen. Sie müssen das Geld nicht zurückzahlen und auch keine Zinsen errichten. Allerdings wissen Sie nicht, ob Sie tatsächlich genügend Kapital durch das Crowdfunding akkumulieren können. Rühren Sie daher die Werbetrommel, vermarkten Sie Ihr Konzept und preisen Sie es an, stellen Sie die Vorteile Ihres Produkts oder Ihrer Dienstleistung heraus – Sie sollten natürlich nicht maßlos übertreiben, allerdings auch keine falsche Bescheidenheit walten lassen. Sie haben etwas anzubieten, machen Sie deutlich, dass es sich lohnt für Ihre Idee zu spenden. Nutzen Sie soziale Medien wie Facebook, Instagram, Twitter, um Ihr Anliegen einer breiten Masse an Leuten zu unterbreiten. Darüber hinaus können Sie gängige Crowdfunding-Plattformen im Netz nutzen, zum Beispiel Win-Win, Swaper oder Crowddesk.

Investoren

Crowdfunding richtet sich an Spender*innen. Das heißt, Ihnen wird Geld gespendet, man könnte auch vereinfacht sagen geschenkt, damit Sie Ihr Projekt verwirklichen können. In diesem Sinne investieren Ihre Spender*innen also nicht in Ihr Unternehmen. Eine Investition liegt nur dann vor, wenn Geld aufgewendet wird, um in der Zukunft einen eigenen Vorteil zu erlangen. Mit Crowdfunding gelangen Sie also nicht an Investoren. Vielleicht mag dies auf den ersten Blick sogar sympathischer wirken. Jemand gibt Ihnen Geld, weil er oder sie Ihre Idee gut findet und nicht, um einen eigenen Vorteil daraus zu ziehen. Jedoch müssen Sie bedenken, dass die Geschäftswelt und insbesondere die Finanzwelt sich nicht gerade durch ihren besonderen Hang zum Altruismus auszeichnet. Schließlich möchte jeder auf dem Markt überleben, was mitunter einen harten Kampf bedeutet. Die Chance, dass Sie Ihr Start-up durch Spendengelder finanzieren können, ist aufgrund dessen ziemlich gering. Denken Sie also auch darüber nach, ob es sinnvoll sein könnte, Investoren für Ihre Firmengründung zu finden. Zum Kreis der gängigen Investoren zählen sogenannte „Venture Capital"-Firmen (kurz: VC). Wie der Name schon vermuten lässt, handelt es sich bei VC um Risikokapital, selten auch Wagniskapital genannt. Das bedeutet, es handelt sich um Kapital, welches zur Finanzierung junger Unternehmen eingesetzt wird, denen eine positive Wachstumsprognose gestellt wird. Dementsprechend hoch ist aber auch das Verlustrisiko, daher der Name Risikokapital. Tatsächlichen Gewinn erzielen die Venture-Capital-Geber aller Wahrscheinlichkeit erst Jahre später. Sollte Ihr Start-up scheitern, droht den Risikokapitalgebern ein totaler Verlust (Breuer, 2020).

Sie sollten sich daher in Gesprächen mit potenziellen VC-Gebern gut verkaufen können. Von deren Einschätzung hängt es ab, ob Ihrem Start-up genügend Wachstumspotenzial zugetraut wird, ob Ihr Start-up wie eine lohnenswerte Investitionsmöglichkeit erscheint. Insbesondere innovative Ideen, hauptsächlich aus dem Bereich Technologie, werden am liebsten gefördert. Sie bieten meist die größten Chancen auf schnelles Wachstum. Sie und Ihr Team spielen eine große Rolle bei der Generierung von VC. Bedenken Sie, dass nicht nur in Ihre Idee, sondern auch in Ihre Persönlichkeit investiert wird. Ihre Kapitalgeber sollten Ihnen vertrauen, dass Sie es schaffen, Ihre Geschäftsidee gut zu vermarkten.

Die Beteiligung der VC-Geber beträgt meist 250.000 Euro. Bei besonders aussichtsreichen Start-ups gegebenenfalls sogar mehr. Dafür übernimmt die VC-Firma allerdings auch einen kleinen Anteil an Ihrem Geschäft. Achten Sie darauf, dass Sie Ihren Kapitalgebern nicht zu viel Macht überlassen. Schließlich kann es jederzeit zu Interessenskonflikten kommen, wenn Sie das Geld anders investieren, als Ihre Kapitalgeber es sich gewünscht hätten oder wenn Sie die geplanten Wachstumsziele nicht erreichen. Eventuell investieren VC-Geber in mehrere Unternehmen derselben Branche parallel, auch daraus können sich Interessenskonflikte ergeben. Normalerweise verfügen VC-Geber über sehr weitreichende Eingriffsrechte, bis hin zu der Möglichkeit den Unternehmer, also Sie, zu entlassen. Sie sollten sich also sehr gut überlegen, ob Sie bei einer Venture-Capital-Firma vorstellig werden. Wenn Ihr

Geschäftsmodell funktioniert wie geplant, ist es eine sehr gute Möglichkeit schnell an relativ hohe Geldsummen zu gelangen, sollte aber etwas schief gehen und Ihr Plan nicht aufgehen, kann dies zu weitreichenden Konsequenzen führen.

Eine weitaus weniger riskante Variante ist die Zusammenarbeit mit sogenannten Business Angels. Dies sind bereits etablierte Unternehmer, die junge Unternehmen finanziell und beratend unterstützen und im Gegenzug dazu Geschäftsanteile erwerben. Die Business Angels sind in Deutschland gut organisiert und haben sogar eine eigene Webpräsenz. Auf der Seite businessangels.de finden Sie detaillierte Informationen zum genauen Verfahren und zu den beteiligten Firmen. Darunter sind neben einigen eigens als Business Angels-Agenturen gegründeten Firmen zum Beispiel auch die Deutsche Bank oder der Verband der Sparkassen in Deutschland.

Auch die Business-Angels investieren bevorzugt in innovative Geschäftsideen mit einem hohen Wachstumspotenzial, denn natürlich wollen selbst die „Engel" im Geschäftsleben etwas verdienen. Um sie von Investitionen in Ihr Unternehmen zu überzeugen, sollten Sie einen ausgereiften Businessplan vorlegen können. Darüber hinaus bietet sich eine Präsentation an, welche die Inhalte des Businessplans veranschaulicht. Der Vorteil gegenüber VC-Gebern ist, dass die Business Angels Sie nicht nur finanzieren, sondern Sie auch beraten, Sie können als Unternehmer*in nicht einfach vor die Tür gesetzt werden, wenn Sie nicht liefern, was Sie versprochen haben. Allerdings erwerben die Business-Angels ebenfalls Geschäftsanteile Ihres Unternehmens, völlig frei und ungebunden sind Sie also auch bei diesem Modell nicht.

Zusammenfassend lässt sich also sagen, dass Ihnen in Bezug auf die Förderung Ihres Start-ups eine große Bandbreite an Alternativen zur Verfügung steht. Sie können sowohl auf staatliche Hilfen als auch auf die Angebote privater Akteure zurückgreifen. Dabei bietet jede einzelne

Form der Unterstützung Vor- und Nachteile. Machen Sie sich also Gedanken, welche Alternative für Sie am sinnvollsten erscheint. Wie viel Geld brauchen Sie? Wie schnell brauchen Sie es und über welchen Zeitraum hinweg? Wir risikofreudig sind Sie? Versuchen Sie auch, die Wachstumspotenziale Ihres Start-ups realistisch einzuschätzen. Stellen Sie sich in einem positiven Licht dar, legen Sie saubere Businesspläne vor, erstellen Sie Präsentationen, verkaufen Sie Ihr Anliegen geschickt, ohne zu übertreiben oder falsche Tatsachen vorzutäuschen. Am besten ist es, Sie stellen mehrere Anträge gleichzeitig, so erhöhen sich die Chancen, dass Sie eine Förderung erhalten.

Nach der Lektüre des ersten Abschnitts dieses Buches sollten Sie nun die wesentlichen Informationen erhalten haben, die Sie zur Gründung Ihres Start-ups benötigen. Fassen wir zum Abschluss also noch einmal zusammen, welche Punkte Sie auf alle Fälle beachten müssen, damit Ihnen ein möglichst reibungsloser Start ins Geschäftsleben gelingt:

- Finden Sie Ihre Idee, machen Sie sich Gedanken, seien Sie kreativ und sprechen Sie mit anderen über diese Ideen. Überlegen Sie, wo eventuell Marktlücken klaffen und wie Sie diese schließen könnten.
- Wählen Sie die passende Rechtsform für Ihr Unternehmen. Beschäftigen Sie sich intensiv mit behördlichen und rechtlichen Vorschriften, damit Sie im Nachhinein keine bösen Überraschungen erleben.
- Wählen Sie Ihr Team aus, schließen Sie Kooperationen oder nehmen Sie im besten Fall Gesellschafter oder Gesellschafterinnen in Ihre Firma mit auf. Zusammen sind Sie stark. Schöpfen Sie Ihre kreativen Potenziale bestmöglich aus.
- Erstellen Sie einen hieb- und stichfesten Businessplan. Tun Sie es für sich und für potenzielle Investor*innen oder Spender*innen.
- Beantragen Sie Unterstützung zur Finanzierung Ihres Projekts. Es gibt sowohl die Möglichkeit, staatliche Hilfen zu beantragen, als auch die

Option, sich an private Geldgeber zu wenden. Stellen Sie mehrere Anträge, so erhöht sich die Chance, dass Sie am Ende zumindest aus einem Topf Fördermittel erhalten. Seien Sie vorsichtig und übernehmen Sie sich nicht. Lassen Sie sich nicht auf dubiose Geschäftspartner ein.

Vermarkten Sie Ihre Idee

Im ersten Abschnitt des Buches haben Sie erfahren, wie Sie Ihr Start-up gründen und was Sie dabei zu beachten haben. Sollten Sie all diese Schritte erfolgreich absolviert haben, sind Sie aber noch lange nicht im Geschäftsleben angekommen. Etwas überspitzt formuliert könnte man sagen: Es geht jetzt erst richtig los. Schließlich wird von der Gründung Ihres Start-ups niemand außerhalb Ihres privaten Umfeldes Notiz nehmen. Daher geht es nun im zweiten Abschnitt um die Vermarktung Ihrer Idee. Wie können Sie es schaffen, dass Ihr Produkt oder Ihre Dienstleistung die Menschen erreicht? Wie finden Sie Ihre Zielgruppe, über die sich schließlich definiert, wen Sie überhaupt erreichen wollen? Wie schaffen Sie es, dass irgendwann jedermann und jederfrau den Namen Ihrer Firma kennt, selbst wenn man nicht zur Zielgruppe gehört? Diesen Fragen werden wir nun nachgehen, um Ihre frisch gegründete Firma zum maximalen Erfolg zu begleiten.

MARKTFORSCHUNG

Idealerweise haben Sie Ihre Zielgruppe schon vor Augen, bevor Sie ein Start-up überhaupt gründen. Schließlich hängt vor allem das Marketing und die Art der Werbung zu einem Großteil davon ab, welches Publikum Sie adressieren wollen (älter/ jünger, männlich/ weiblich, etc...). Aber liegen Sie mit Ihrer Einschätzung richtig? Sprechen Ihre Produkte und Dienstleistungen vielleicht doch unerwarteterweise andere Zielgruppen an, als Sie vermutet hätten? Oder lagen Sie mit der Definition der Zielgruppe richtig, stellen aber fest, dass deren Bedürfnisse doch anders gelagert sind, als Sie zuvor dachten? Die ersten elektrischen

Waschmaschinen beispielsweise erwiesen sich als Ladenhüter. Der Grund: Das heute übliche Bullauge, durch das man das Innere der Maschine auch während des Waschgangs beobachten kann, fehlte zu Beginn. Die Hausfrauen vertrauten dem Gerät nicht, dass es wirklich gründlich wäscht und die Wäsche genauso schäumt wie beim Waschen per Hand. Erst das Bullauge machte die Waschmaschine zum festen Bestandteil eines jeden Haushalts beinahe überall auf der Welt. Heutzutage können Sie derartige Fallstricke noch vor der Veröffentlichung Ihres Produktes erkennen und beheben.

Hierzu bietet sich die Marktforschung an. Hier sehen Sie nicht nur sehr genau, wer Ihre Zielgruppe ist, Sie haben auch die Chance, Ihre komplette Produktidee evaluieren zu lassen, Meinungen von Menschen einzuholen, mit denen Sie keinerlei Verbindung haben und die Ihnen somit ihr Feedback frei von persönlicher Rücksichtnahme geben werden. Sie haben die Chance sowohl das Produktdesign (Verpackungen, Schriftzüge) als auch eventuelle Werbetexte und natürlich das Produkt selbst bewerten zu lassen. Die meisten Marktforschungsinstitute arbeiten hierbei mit einer Mischung aus quantitativen und qualitativen Methoden. Das bedeutet, dass manche Aspekte Ihres Produktes auf einer festgelegten Skala bewertet werden (zum Beispiel von eins bis zehn oder mit Schulnoten). Dieses System sorgt für eine bessere Vergleichbarkeit und ist unkompliziert in der Auswertung.

Detailfragen oder zentrale Aspekte werden aber in Form von offenen Fragen geklärt. Das heißt, die Befragten formulieren Ihre Meinung frei heraus in zusammenhängenden Sätzen ohne Zuhilfenahme einer Skala. Somit können Sie mehr ins Detail gehen, haben nicht bloß Werte, die anzeigen ob ein Aspekt Ihres Produktes gefällt oder nicht. Sie wissen auch, was genau den Probanden zu dieser Einschätzung bewogen hat. Die meisten Institute arbeiten mit einem Methodenmix. Das bedeutet, dass ein Interview sowohl quantitative als auch qualitative Frageblöcke beinhaltet. Alternativ können Sie auch Gruppendiskussionen in Auftrag geben. Bei einer Gruppendiskussion sitzen mehrere Menschen, die anhand bestimmter Kriterien von den Marktforschungsinstituten eingeladen werden, zusammen in einem Raum und diskutieren unter Anleitung eines Moderators oder einer Moderatorin über Ihr Produkt. Meistens gibt es zu einem Produkt mehrere Gruppendiskussionen, die Gruppen sind dabei unterschiedlich zusammengesetzt. Bieten Sie eine App für Finanzdienstleistungen an, kann es zum Beispiel sein, dass eine Gruppe mit Expert*innen aus der Finanzbranche besetzt ist und eine andere mit potenziellen Kund*innen, die jedoch keinen professionellen Hintergrund haben. Gruppendiskussionen sind meist teurer als Feldforschung, da die Rekrutierung der passenden Zielgruppen zeit- und geldaufwendiger ist.

Grundsätzlich gilt: Seriöse und qualitativ wertvolle Marktforschung ist teuer. Für 5.000 Euro können Sie keine repräsentative Umfrage erwarten, schließlich müssen die Institute ein Konzept erstellen, welches zu Ihrem Produkt passt und anschließend die entsprechenden Materialien vorbereiten. Auch die Durchführung der Interviews kostet Geld. Ein guter Interviewer, der, ohne zu beeinflussen, die Probanden durch das Interview lenkt und somit dafür sorgt, dass sich Ihr Produkt intensiv angesehen wird, arbeitet nicht umsonst. Bedenken Sie hierbei, dass professionelle Marktforschung auch einen Marketingaspekt bedient. Ein Proband oder eine Probandin, die ansonsten nie auf Ihr Produkt gestoßen wäre, lernt es im Rahmen des Interviews kennen und kann sich ein (im besten Falle natürlich positives) Bild davon machen.

Gut möglich, dass Sie auf diese Weise potenzielle Käufer*innen gewinnen können. Sollten Sie über ein kleineres Budget verfügen, können Sie Marktforschung auch online durchführen lassen. Hierbei sei jedoch darauf hingewiesen, dass Sie nicht kontrollieren können, wer tatsächlich an Ihren Umfragen teilnimmt. Im Netz kann schließlich jeder und jede behaupten, männlich, einunddreißig Jahre alt und Käufer von Fahrrädern mit Raketenantrieb zu sein. Außerdem ist die Versuchung größer, einen Fragebogen schnell durchzuklicken und sich nicht wirklich Mühe bei der Beantwortung der Fragen zu geben. Auch ist die Abbruchrate bei Online-Umfragen höher, da die Hemmschwelle sehr niedrig ist, ein Fenster im Internetbrowser einfach zu schließen, wenn der Fragebogen den Proband*innen langweilig erscheint. Dennoch werden Sie auch bei einer Onlineumfrage solide Ergebnisse erzielen können, wenn Sie auf die richtige Konzeption des Fragebogens achten.

Machen Sie sich also Gedanken über Ihr Budget und ob Sie bereit sind, Geld in seriöse Marktforschung zu investieren. Nehmen Sie im besten Fall nicht das günstigste Angebot an, wenn Sie sich an die Institute wenden. Oftmals arbeiten diese mit eher unsauberen Methoden und achten weniger auf die korrekte Durchführung der Studie, was sich in Ihren Ergebnissen bemerkbar machen kann. Im Idealfall lernen Sie durch die Marktforschung Ihre Zielgruppe besser kennen und gelangen zudem an wertvolle Erkenntnisse in Bezug auf Verbesserungsvorschläge. Im besten aller Fälle erreichen Sie sogar zukünftige Käufer*innen, die ohne Marktforschung nie von Ihrem Start-up erfahren hätten.

Tipp: Kontaktieren Sie mehrere Marktforschungsinstitute. Die meisten sitzen in Frankfurt am Main und Hamburg. Dies sind auch die deutschen Großstädte mit der repräsentativsten demografischen Struktur. Lassen Sie sich Angebote schreiben und prüfen Sie diese genau. Marktforschung muss nicht exorbitant teuer sein, aber das günstigste Angebot ist meist nicht unbedingt das Beste.

MARKETING

Oftmals werden Marktforschung und Marketing in einem Atemzug genannt und wie der Hinweis im oberen Absatz bereits anklingen lässt, gibt es durchaus eine Wesensverwandtschaft zwischen diesen beiden Bereichen. Dennoch sind Marktforschung und Marketing nicht dasselbe. Der größte Unterschied ist, dass Marktforschung neutral ist. Obwohl sie kommerziell betrieben wird, bleibt es dennoch Forschung, bei der bestimmte wissenschaftliche Standards eingehalten werden. Marktforschung kann den Effekt haben, dass Teilnehmer*innen auf Ihr Produkt aufmerksam werden und somit zu Kund*innen werden, aber sie verfolgt nicht das Ziel der Kundenakquise. Dies ist beim Marketing anders. Hier geht es tatsächlich darum, gezielt Menschen anzusprechen mit dem Ziel, dass das angesprochene Produkt gekauft wird.

Somit unterscheidet sich eine Marketingstrategie auch von der Planung einer Marktforschungsstudie. Im Idealfall können Sie die Ergebnisse aus der Marktforschung in Ihr Marketingkonzept mit einfließen lassen. Sagen wir das Öko-Label, welches Sie auf Ihrer Produktverpackung platzieren wollen, wurde in der Marktforschung besonders gut von den Probanden bewertet, da es eine Vertrauensbasis schaffe und den Leuten ein Gefühl von Sicherheit vermittelt, mit einem Kauf die Umwelt nicht zu sehr zu schädigen (so oder so ähnlich könnte ein Ergebnis aussehen). Wenn Sie dies wissen, macht es natürlich Sinn, das besagte Öko-Label in Ihrer Marketingstrategie zu betonen und als Besonderheit Ihres Produktes herauszustellen. Platzieren Sie es übergroß und deutlich sichtbar auf Werbeanzeigen- oder Plakaten, lassen Sie es explizit erwähnen, wenn Sie vertonte Werbespots produzieren möchten.

Public Relations (PR)

Sagt Ihnen der Name Edward Bernays etwas? Vermutlich nicht, denn die wenigsten kennen den Neffen des dafür umso bekannteren Psychoanalytikers Sigmund Freud. Doch eigentlich ist Bernays zu Unrecht in Vergessenheit geraten, ist er schließlich so etwas wie der Urvater dessen, was wir heute gemeinhin als „Public Relations“ (oder kurz: PR) bezeichnen.

Im Jahre 1929 wendet sich die American Tobacco Company an Edward Bernays, mit dem Ziel möglichst viele Amerikanerinnen zu

Raucherinnen zu machen. Zu viel Geld entgeht den Produzenten der Zigaretten damals durch das gesellschaftliche Tabu der rauchenden Frau. Rauchen, das ist im frühen Zwanzigsten Jahrhundert reine Männersache. Bernays bedient sich der Wissenschaft seines Onkels Sigmund Freud, um eine Strategie zu entwickeln, wie er das Rauchen bei Frauen etablieren kann. Im April 1929 ist es schließlich soweit: Im Rahmen einer öffentlichen Osterfeier im christlichen Amerika kündigt er medienwirksam an, sich gegen die Unterdrückung von Frauen zur Wehr setzen zu wollen. Eigens für diesen Zweck vorrekrutierte Frauen zünden sich vor den Augen der Öffentlichkeit und der Presse „Fackeln der Freiheit" an – Zigaretten.

Der Siegeszug des Edward Bernays geht mit dem des Glimmstängels einher. Der Mythos von der Zigarette als Ausdruck der Freiheit ist geboren und hält sich in manchen Kreisen bis heute hartnäckig. Letzten Endes ist das Rauchen im Grunde das komplette Gegenteil von Freiheit, denn nichts anderes ist eine Sucht. Doch viele trauern der öffentlichen Tabakwerbung hinterher, da sie so „stilvoll" gewesen sei und empfinden das Rauchverbot in Gaststätten als Einschränkung der persönlichen Freiheit.

Dieses Beispiel verdeutlicht, wobei es bei den Public Relations ankommt. Nicht etwa der Inhalt ist entscheidend, sondern das Gefühl, welches bei potenziellen Käufer*innen vermittelt wird. Wichtig ist, was bei den Menschen ankommt. Gehen wir einmal davon aus, dass Sie deutlich weniger gesundheitsschädlichere Produkte als Zigaretten anbieten möchten, schließlich wäre es nicht gerade innovativ und damit auch kein Start-up, wenn Sie eine Tabakfabrik gründen möchten. Auch wollen wir einmal davon ausgehen, dass Sie moralisch integrer sind als der soeben vorgestellte Kollege Bernays, der seine Erkenntnisse im weiteren Verlauf seiner „Karriere" nicht nur an diverse Großkonzerne, sondern auch an das eine oder andere faschistische Regime verkauft hat. Zum Vorbild nehmen sollten wir uns den Vater der PR also nicht, aber seine

Erkenntnisse haben bis heute Bestand und werden noch immer von Unternehmen genutzt, um die eigene Wahrnehmung in der Öffentlichkeit zumindest etwas zu beeinflussen (Vielhaus, 19.02.2020).

Entscheidend ist oftmals das Gefühl, dass Kund*innen beim Kauf eines Produkts haben. Viele Entscheidungen werden „aus dem Bauch heraus" getroffen und nicht rein rational. Sie sollten Ihr Produkt also mit positiven Eigenschaften in Verbindung setzen, sollten dafür sorgen, dass der Kunde beim Klang des Namens Ihrer Firma ein gutes Gefühl hat. In manchen Fällen spiegelt sich diese Taktik sogar im Namen der Hersteller wider.

Denken Sie zum Beispiel an die „Innocent Smoothies", die uns im Kühlregal eines jeden Supermarktes angeboten werden. „Innocent", also „unschuldig" impliziert bereits, was wir mit der Marke und dem Produkt verbinden sollen: Unschuld, also auch Ehrlichkeit und eine gewisse moralische Unbescholtenheit. Auch Innocent startete als kleines Unternehmen, gegründet von drei Gesellschaftern. Heute würde man Innocent in der Anfangsphase seines Bestehens mit Sicherheit als Start-up bezeichnen. Mittlerweile gehört das Unternehmen der Coca-Cola Company und ist europaweiter Marktführer in der Herstellung von Smoothies. Natürlich gehört noch mehr zum Erfolg eines Unternehmens als bloß der Name, jedoch sollten Sie die Wirkung eines Namens niemals unterschätzen. Bleibt er den Leuten im Kopf? Wenn ja warum? Weil er einfach ist oder gerade, weil er kompliziert ist, und die Leute sich darüber amüsieren, dass niemand ihn korrekt aussprechen kann?

Dass die Namensgebung ein entscheidender Faktor bei der Gründung der Firma ist, wurde im ersten Teil des Buches bereits besprochen, nun gilt es, den Namen mit Leben zu füllen. Auch für eine Analyse Ihrer Public Relations eignet sich übrigens Marktforschung, dort können Sie schließlich auch Werbung testen lassen oder Sie konzipieren ganz allgemein einen Fragebogen zu Ihrem Markenimage. Machen Sie sich die Erkenntnisse der Public Relations zunutze, starten Sie zum Beispiel öffentlichkeitswirksame Aktionen, zum Beispiel zum Schutz der Umwelt, wenn Sie ökologische Produkte herstellen möchten. Der Gründer des Start-ups Einhorn, Philip Siefer, der in dem Buch schon einmal erwähnt wurde, hatte für den 16. Juni 2020 ein großes Event angekündigt und es medienwirksam promotet. Das Olympiastadion in Berlin soll gemietet werden, mehr als 28.000 Menschen sollen sich versammeln und gemeinsam über Umweltpolitik diskutieren. Am Ende soll eine Petition entstehen, die dem Bundestag vorgelegt werden soll. Ein ambitioniertes Projekt, das in den Medien (hauptsächlich aufgrund der hohen Ticketpreise) für viel Kritik, aber auch für viel Aufmerksamkeit gesorgt hat. Dabei passt die Art des Events zur öffentlichen Wahrnehmung, die Einhorn hat, beziehungsweise anstrebt, nämlich ein ökologisches Unternehmen zu sein, das auf Nachhaltigkeit und Fairness achtet.

Diese oder ähnliche Veranstaltungen erhöhen nicht nur den Bekanntheitsgrad Ihres Unternehmens durch die intensive Berichterstattung, sondern können zusätzlich ein positives Bild von Ihrem Unternehmen als engagiert und meinungsstark prägen. Eine solche Veranstaltung impliziert: Dieses Unternehmen hat eine Haltung und steht öffentlich für sie sein. Natürlich müssen Sie nicht gleich das Olympiastadion mieten, besonders zu Beginn Ihrer Tätigkeit werden Sie vermutlich auch nicht genügend Menschen aktivieren können, dass sich eine solche Investition lohnen würde.

Doch auch im kleineren Rahmen sind Veranstaltungen möglich. Zum Beispiel in der nächsten Stadthalle oder im Rahmen eines ohnehin stattfindenden Bürgerfestes wie einer Kerb oder einem Weinfest, etc… lässt sich eine Veranstaltung kostengünstig finanzieren und macht, wenn auch nur eine Handvoll Menschen, aufmerksam auf Sie und Ihre Produkte oder Dienstleistungen. Sprechen Sie mit den Menschen, versuchen Sie sich ein kleines Netzwerk aufzubauen. Vielleicht kommen Sie mit dem Besitzer einer Bar oder eines Clubs ins Gespräch. Lassen Sie Ihre Veranstaltung dort stattfinden, sodass sowohl Sie als auch der Betreiber durch den Verkauf von Getränken oder Einlasserlöse von dem Event profitieren.

Nutzen Sie Social Media. Fast nichts ist so effektiv und reichweitenstark wie die sozialen Netzwerke. Start-ups richten sich oft an eine jüngere Zielgruppe, die offen für neue und innovative Ideen ist. Genau diese Zielgruppe finden Sie in den sozialen Medien in großer Anzahl. Überlegen Sie, was zu Ihrem Unternehmen passt.

Wenn Sie Finanzdienstleistungen verkaufen, ist eine Veranstaltung zum Thema Umweltschutz oder Klimawandel zwar schön und gut, jedoch ist der Bezug zu Ihrem Produkt nicht erkennbar. In diesem Falle könnten Sie zum Beispiel eine Veranstaltung organisieren, die sich für die Interessen kleiner Sparer einsetzt, gegen die Nullzinsen protestiert oder für die Interessen derer eintritt, die es sich nicht leisten können in Finanzdienstleistungen zu investieren. Grundsätzlich sind Fragen der Gerechtigkeit, sei es in Bezug auf die Umwelt oder in Bezug auf gesellschaftliche Ungleichheiten, immer gute Themen, um Ihre Haltung zu verdeutlichen und ein positives Bild von Ihrem Unternehmen zu erzeugen. Treten Sie also für Klimaschutz ein, wenn Sie ökologische Produkte anbieten. Wenn es sich anbietet, das heißt, ein Bezug zu Ihrem Start-up erkennbar ist, auch zum Beispiel für die Rechte von Minderheiten oder für die Rechte der Frauen. Nur lassen Sie bestenfalls die Zigarette weg, denn die hat mittlerweile, trotz der beeindruckenden Pionierarbeit von Edward Bernays, einen ziemlichen Imageverlust erlitten.

Nutzen Sie die Erkenntnisse der Public Relations für Ihre Werbung. Schließlich geht es auch in der Werbung darum, Ihr Produkt in einem möglichst guten Licht dastehen zu lassen und eine positive Assoziation mit Ihrem Produkt bei den Menschen hervorzurufen.

Werbung

Sie haben doch sicher schon einmal die schreienden Menschen in der Fernseh- oder Internetwerbung gesehen oder gehört, die ihre

Emotionen kaum zurückhalten können, als sie endlich ihr Paket von *Zalando* in den Händen halten. „Schrei vor Glück“ heißt es dann auch passenderweise am Ende eines jeden Spots. Zwei grundlegende Aspekte machen diese Werbung zu einer guten Werbung. Erstens: sie ist einfach und damit auch kostengünstig. Es braucht keine atemberaubende Kulisse, keine Licht- oder Kameraeffekte, sondern nur zwei Menschen, eine Haustür und ein Paket. Zweitens: sie bleibt im Gedächtnis. Wer auf dem Sofa sitzt und kurz vorm Einnicken oder aus sonstigen Gründen vom Geschehen abgelenkt ist (wer schaut schon wirklich gebannt Werbung?), wird durch den Aufschrei sofort wieder ins Hier und Jetzt zurückgeholt. Der Schrei ist ein akustischer Reiz, der Aufmerksamkeit erweckt. Der Effekt ist ähnlich wie bei der plötzlichen Erhöhung der Lautstärke, irgendetwas ist plötzlich anders und sichert Ihnen damit die Aufmerksamkeit Ihres Publikums. Zudem kann man sich besser an die Werbung erinnern, selbst wenn der Name des Werbetreibenden zunächst vergessen wird, sind Sie im Gedächtnis Ihres potenziellen Kunden verankert.

„Das ist doch die Werbung, wo jemand schreit.“
„Ach, Du meinst die Zalando-Werbung.“

Der Grund warum ich dieses Beispiel gewählt habe ist, dass Zalando ebenfalls ein Start-up ist, das heute allerdings nicht mehr als Start-up, sondern als etablierter Marktteilnehmer wahrgenommen wird. 2008 von zwei Berliner Jungunternehmern gegründet, betrug der Umsatz im zweiten Quartal 2018 bereits 1,33 Milliarden Euro. 94 Millionen Euro betrug allein der operative Gewinn (Welt.de, 2018). Im Juli 2019 wurde der Börsenwert Zalandos auf fast 10 Milliarden Euro taxiert (faz.net, 2019). Nicht nur, aber auch durch erfolgreiche Werbung hat Zalando es geschafft zum deutschen Marktführer für den Onlineversand von Schuhen zu werden.

Sie sehen anhand dieses Beispiels, dass Werbung absolut entscheidend für den Erfolg Ihres Unternehmens sein kann. Schließlich können Sie das beste und innovativste Produkt anbieten, wenn niemand außerhalb Ihres eigenen Umfeldes davon erfährt, wird es auch niemand kaufen. Eine gelungene Werbung vereint verschiedene Aspekte miteinander, die dem Erfolg Ihres Start-ups zuträglich sind.

- Ihr Produkt oder Ihre Dienstleistung wird bekannt gemacht, das heißt, die Menschen erfahren durch die Werbung, dass es Ihr Produkt gibt.
- Das Image Ihres Start-ups wird durch die Werbung geprägt. Mit welchen Werten werben Sie? Mit welcher Botschaft wenden Sie sich an den Kunden? Wofür steht Ihr Unternehmen?
- Potenzielle Kund*innen werden stimuliert. Werbung dient klassischerweise als Impuls, es wird eine Botschaft transportiert, die etwas in den Zusehenden auslöst und sie zu einem bestimmten Verhalten (im besten Falle zum Kauf Ihres Produktes) animiert.

Es mag zunächst immer ein wenig befremdlich klingen, dass man seine Kund*innen durch die Werbung quasi manipulieren soll, dass man ihnen etwas eintrichtern soll. In der Tat sollten Sie es vermeiden, grundsätzlich falsche Vorstellungen durch die Werbung zu wecken. Viele Konzerne bedienen sich der Methoden der Werbung, um ihr ethisch fragwürdiges Verhalten zu verschleiern oder ihren völlig überteuerten Preis zu rechtfertigen. Wir alle kennen diese Produkte, ob im Bekleidungsgeschäft, im Supermarkt oder im Elektronikfachhandel, bei denen wir einen saftigen Aufpreis bloß aufgrund des Markennamens zahlen. Ein großes Thema ist zudem das sogenannte Greenwashing. Ein neuer Trend, bei dem Konzerne wie McDonalds, Coca-Cola oder Nestle versuchen, sich durch ihre Werbung als umweltbewusstes, ökologisch nachhaltiges Unternehmen darzustellen. Zu diesem Zweck werden selbst designte Bio-Siegel oder vermeintlich ökologische Zertifikate auf Verpackungen platziert, um einen falschen Eindruck bei den Konsument*innen zu erwecken.

Lassen Sie die Finger von derartigen Methoden! Ihre Kunden wollen ehrlich behandelt werden. Zudem haben Sie nicht dieselbe Position auf dem Markt wie die eben genannten Konzerne. Zu McDonalds gehen die Menschen sowieso. Den meisten ist es dabei egal, ob das Unternehmen ökologisch oder nachhaltig handelt, doch einigen Kunden ist eben dieser Aspekt wichtig und daher werden sie durch Greenwashing davon überzeugt, dass sie problemlos bei McDonalds essen können, da hier auf umwelttechnische Aspekte geachtet werde. Somit wird eine Zielgruppe angesprochen, die vorher auf Distanz zu besagten Unternehmen gegangen ist. Die Menschen, die den Schwindel durchschauen, bleiben dem Unternehmen aber aller Voraussicht nach trotzdem treu, da sie ohnehin keine ökologische Nachhaltigkeit erwartet hätten, wenn sie bei McDonalds einen Hamburger kaufen.

Sie sehen, diese Methoden sind in erster Linie etablierten Marktteilnehmern vorbehalten. Diese können es sich leisten, derart fragwürdige Kampagnen zu starten. Werbung ist immer ein Stück weit Idealisierung. Schließlich müssen Sie mit anderen Unternehmen konkurrieren, die allesamt ein leicht geschöntes Bild ihrer Produkte zeichnen. Wenn Sie als Einziger zu einhundert Prozent ehrlich sein wollen, werden Sie vermutlich abgehängt, daher sollten auch Sie durchaus kein schlechtes Gewissen haben, die positiven Seiten Ihrer Firma in der Werbung zu beleuchten und sich den Methoden der Werbung zur Gewinnung neuer Kunden zu bedienen. Nur lügen Sie nicht und täuschen Sie keine falschen Tatsachen vor. Erfinden Sie keine Zahlen, die jeder Grundlage entbehren oder behaupten, Sie würden sich für Umweltschutz oder Frauenrechte einsetzen, wenn es überhaupt nicht stimmt. Der Trick bei einer wirklich guten Werbung ist, dass man mit einigen Tricks und Kniffen ein positives Image kreiert und Kunden zum Kauf animiert, ohne zu lügen.

„Der gegenwärtige Kapitalismus könnte nicht funktionieren und die globalen Produktionsnetzwerke könnten ohne Werbung nicht bestehen", schreibt Ray Hudson und hat damit wohl recht (Hudson, 2008).

Schrecken Sie also nicht vor offensiver Werbung zurück.

Werbung im öffentlichen Raum

Nutzen Sie Plakate und Flyer, auch diese, in Zeiten der Digitalisierung altmodisch wirkenden Werbeträger, sind noch immer sehr effektiv. Die allermeisten von uns laufen bisweilen durch die Stadt und kommen dabei an Werbeplakaten oder Litfaßsäulen vorbei. Die meisten von uns stehen an Bahnhöfen und schauen dabei, wenn auch eher unterbewusst, die Plakatwerbung an. Die wenigsten von uns werfen Flyer direkt in den Papierkorb, ohne vorher nicht zumindest für eine Sekunde darauf geschaut zu haben, um zu sehen, für welches Produkt dieser Flyer wirbt. Diese Werbung wird auch als Werbung im öffentlichen Raum bezeichnet. Sie ist deswegen effektiv, da wir uns alle ständig im öffentlichen Raum bewegen. Wenn Sie mit Plakaten in der Innenstadt, an Bahnhöfen oder an Mauern, Baugerüsten oder öffentlichen Treppenaufgängen werben, hat man in der Regel keinerlei Möglichkeit, Ihre Werbung zu übersehen.

Diese Werbung sollte nicht zu kompliziert und vielschichtig sein. Werbung im öffentlichen Raum dient vor allem der Generierung von Aufmerksamkeit. Die Leute sollen Ihr Produkt, Ihre Dienstleistung und, wichtig: Ihren Markennamen wahrnehmen und im Gedächtnis behalten. Die wenigsten Menschen lesen lange Texte auf Plakaten und Litfaßsäulen. Verwenden Sie daher Schlagworte, Bilder oder einen coolen, lustigen oder, wenn es zu dem Produkt passt, nachdenklichen Spruch, der den Menschen im Gedächtnis bleibt. Je länger die Leute daran denken und sich daran erinnern, desto besser.

Hashtags

Nutzen Sie Hashtags für Werbung im öffentlichen Raum, die Sie prominent platzieren. Viele Menschen tragen Ihr Smartphone immer mit sich und benutzen es ständig. Insbesondere an Bahnhöfen, wenn man auf einen Zug wartet, wird das Smartphone gerne genutzt, um sich die Zeit zu vertreiben. Wenn Sie also ein großes Hashtag auf einem Plakat sehen, kommen Sie eventuell auf die Idee, das Hashtag im Internet zu suchen. Diesen Effekt sollten Sie sich zunutze machen. Längst schon ist das Hashtag in der Marketing- und Werbelandschaft angekommen, man könnte sogar sagen, das Hashtag hat die Werbung im 21. Jahrhundert revolutioniert. Eine der ersten erfolgreichen Hashtag-Kampagnen war die der Berliner Verkehrsgesellschaft (BVG).

Zuerst startete die Kampagne mit einem humoristischen Lied namens „Ist mir egal", welches sich zum viralen Hit entwickelte. Dann folgte das Hashtag, der zum Namen der Kampagne passte: #weilwirdichlieben. Somit war vollkommen klar: auch wenn die Bahn mal wieder verspätet ist, auch wenn die Bahnsteige schmutzig sind – das ist alles nicht so wichtig. Denn die BVG liebt ihre Fahrgäste und Liebe bedeutet doch immer auch verzeihen und die Fehler des anderen tolerieren. Und wie schwer es fällt, jemandem böse zu sein, der einen wirklich innig liebt, haben wir vermutlich alle schon erfahren dürfen. Eine durch und durch gelungene Kampagne.

Auch weitere Unternehmen, die nicht unbedingt für Innovation, sondern bei den meisten Leuten eher für das Gegenteil standen, haben in den vergangenen Jahren erfolgreiche Hashtag-Kampagnen gestartet, so etwa Opel mit #umparkenimkopf (Opel ist nämlich nicht mehr das mäßig schicke Auto für den spießbürgerlichen Mittelstand, sondern kommt ab sofort frisch und dynamisch daher). Ebenfalls sehenswert ist die Werbung, die unter dem Hashtag #heimkommen für die Supermarktkette Edeka läuft, die ohnehin für kreative Werbespots bekannt ist. Schauen Sie sich diese Werbespots an und lassen Sie sich inspirieren. Natürlich sollten Sie die Sprüche nicht einfach kopieren, aber Anregung aus bereits Bestehendem zu ziehen ist legitim und wird von fast allen Unternehmen praktiziert.

Allgemeiner gesprochen bieten Hashtags folgende Vorteile in Ihrer Werbekampagne:

• Stärkung des Markenimages: Durch Hashtags können Sie kurz und prägnant herausstellen, wofür Ihre Marke steht. Der Schlagbegriff Ihres Hashtags wird dann sofort mit Ihrem Unternehmen assoziiert.

• Direktere Kommunikation: Ein Hashtag kann von vielen Menschen benutzt werden, somit besteht eine direktere Verbindung zwischen Unternehmen und Kunden. Man hat das Gefühl, dass Ihr Start-up ein greifbares Unternehmen ist, mit dem man kommunizieren kann und das sich nicht in einem Elfenbeinturm versteckt, wie manch ein großer Konzern.

• Verstärkung des Engagements: Sie animieren Ihre Kund*innen durch Hashtags zum Mitmachen. Starten Sie Aktionen, bei denen Ihre Kund*innen Bilder von sich selbst auf einer Plattform hochladen und dabei das entsprechende Hashtag benutzen. Wenn Sie also, nach dem Vorbild von Innocent, Smoothies produzieren wollen, rufen Sie zum Beispiel ein Hashtag ins Leben, bei dem die Leute ein Bild von einem kuriosen Ort oder einer witzigen Situation posten sollen, in der Ihr Smoothie getrunken wird.

• Erhöhung der Reichweite: Mit jeder einzelnen Verwendung Ihres Hashtags nimmt Ihre Reichweite zu. Im Netz werden Hashtags auf sämtlichen Plattformen (Twitter, Instagram, etc…) verwendet. Ihr Bekanntheitsgrad wird also stetig wachsen, je mehr Leute Ihr Hashtag verwenden.

• Messbarkeit: Die Zahlen, wie oft ein Hashtag auf den jeweiligen Plattformen verwendet wird, sind transparent und einsehbar. Sie wissen also ganz genau, wie viele Menschen Ihr Hashtag verwendet haben. Wohingegen Sie nie erfahren werden, wie viele Menschen tatsächlich Ihr Plakat angesehen oder Ihren Flyer gelesen haben (Absatzwirtschaft.de, 2017).

Werbung in halböffentlichen Einrichtungen

Unter halböffentlichen Einrichtungen versteht man Krankenhäuser, Kindergärten, Schulen aber auch Sportstätten und U-Bahn-Stationen. Hier herrscht zwar ebenfalls ein gewisser Publikumsverkehr, jedoch kommen die Menschen hier in aller Regel nicht zufällig vorbei, sondern haben ein bestimmtes Ziel, mit dem sie die halböffentliche Einrichtung besuchen. Auch hier kann es sich als clever erweisen, Werbung zu platzieren. Aufgrund der eben genannten Tatsache, dass sich die Menschen hier meist mit einem Ziel aufhalten, sollten Sie die Standorte passend zu Ihrem Produkt wählen. Wenn Sie zum Beispiel fair produzierte Sportartikel verkaufen möchten oder eine App programmiert haben, die den Herzschlag, den Sauerstoffgehalt im Blut und andere Körperdaten während einer körperlichen Anstrengung misst, sind Sie an öffentlichen Sportstätten mit Ihrer Werbung gut aufgehoben, denn hier wird sich in der Regel Ihre Zielgruppe aufhalten. Wenn Sie dieselbe Werbung aber beispielsweise vor einem Krankenhaus oder einem Seniorenheim platzieren, wird die Werbung unter Umständen sogar als zynisch und unverschämt erachtet, da die Menschen, die sich hier aufhalten, liebend gerne Sport treiben würden, dazu aber (momentan) nicht in der Lage sind. Auch bei Werbung im halböffentlichen Raum bieten sich Hashtags an. Auch hier wird Ihre Reichweite sehr wahrscheinlich durch das Teilen des Hashtags gesteigert werden.

Medienwerbung

Beinahe jeder von uns konsumiert in irgendeiner Form Medien. Klassischerweise schauen die Menschen fern oder hören Radio, vor allem im Auto und auf der Arbeit läuft meistens ein Radiosender im Hintergrund. Ebenso werden nach wie vor Zeitungen und Zeitschriften gelesen und auch im Kino wird uns vor den Programmankündigungen und dem Hauptfilm noch ein paar Minuten lang Werbung gezeigt. Neben all diesen klassischen Medien gibt es ein Medium, das mittlerweile auch aus der Werbeindustrie nicht mehr wegzudenken ist: das Internet. Gerade als Start-up, als junges, dynamisches Unternehmen mit innovativen und kreativen Ideen, sollten Sie das Internet mehr als jedes andere Medium für Ihre Werbung nutzen. Hier können Sie Ihre Zielgruppe aller Voraussicht nach am besten abholen.

Die Macht der sozialen Medien wurde ja bereits mehrfach thematisiert, hier sollten Sie unter allen Umständen präsent sein. In der modernen, digitalisierten Welt können Sie es sich nicht mehr leisten nicht auf den sozialen Medien zu werben, wenn Sie Ihr Produkt einer jungen Zielgruppe bekannt machen möchten. Dabei ist insbesondere Instagram zu empfehlen. Hier wird zudem sehr viel mit den bereits erwähnten Hashtags operiert.

Außerdem ist auch YouTube nicht zu unterschätzen. Bei der Videoplattform handelt es sich ebenfalls um ein soziales Netzwerk, auf dem viel Traffic stattfindet. Das heißt, der Publikumsverkehr auf der Seite ist enorm hoch. Laut brandwatch.com werden täglich über eine Milliarde Stunden an Videos auf YouTube angesehen und damit mehr als auf Facebook und dem Streamingdienst Netflix zusammen (Smith, 2020). Dabei funktioniert Werbung auf YouTube wie klassische Kinowerbung. Bevor Sie das angeklickte Video sehen können, wird ein Werbefilm abgespielt. Achten Sie darauf, dass der Werbeclip nicht zu lange ist. Meistens werden Clips, die länger als 30 Sekunden sind, nach fünf Sekunden weggedrückt. Diese Funktion gibt es nämlich bei der YouTube-Werbung. Manchen Nutzern wird allerdings auch gestattet, die Funktion zu deaktivieren. Diesen Service bietet die Plattform allerdings meist finanzstärkeren Kunden an.

Achten Sie auch hier darauf, dass Sie die Werbung an Ihre Zielgruppe anpassen. Wenn Sie in Zeitungen inserieren möchten, schalten

Sie Ihre Anzeige am besten im Wirtschafts- und Finanzteil. Diesen lesen tendenziell Menschen, die sich für die Entwicklungen auf dem Markt, also auch für neue Unternehmen interessieren. Wenn Ihr Start-up aus der Technologie-Branche kommt, wenden Sie sich explizit an Fachmagazine mit dem Schwerpunkt Technologie. Dasselbe gilt auch für YouTube: hier können Sie ebenfalls eine Zielgruppe auswählen, die durch Ihre Werbung angesprochen werden soll. Nutzen Sie die Erkenntnisse, die Sie aus der Marktforschung gewonnen haben und seien Sie möglichst präzise bei der Zielgruppenbeschreibung. Wenn Sie über eine Suchmaschine im Internet nach YouTube-Werbung suchen, wird Ihnen die entsprechende Seite der Plattform angezeigt, auf der alle Schritte, die man beachten muss, wenn man Werbekunde auf YouTube werden will, detailliert geschildert sind. Bei Zeitungen und Zeitschriften gibt es meistens einen Kontakt für Anzeigenkunden, oftmals im Impressum. Auch bei Radio- oder Fernsehsendern finden Sie Ihre Ansprechpartner meistens recht schnell auf der Webseite.

Weitere Formen der Werbung

Diese drei Arten der Werbung sind mit Sicherheit die gängigsten und in der Regel auch die erfolgversprechendsten. Hiermit erreichen Sie die größte Anzahl an Personen und damit die größte Aufmerksamkeit. Zumindest auf Werbung im öffentlichen Raum und auf Werbung in den Medien (insbesondere im Internet) sollten Sie keinesfalls verzichten. Es gibt allerdings noch weitere Arten von Werbung, die wir Ihnen an dieser Stelle kurz vorstellen möchten. Empfohlen ist, nicht ausschließlich auf diese Formen der Werbung zu setzen. Damit werden Sie vermutlich nicht den flächendeckenden Erfolg haben, den Sie sich wünschen. Allerdings können diese Werbeformen gute Ergänzungen sein und Ihre Kampagne zusätzlich unterfüttern. Denn es gilt nach wie vor, je mehr Werbung Sie machen, desto besser ist es.

• Werbegeschenke: Wenn Sie sich in Ihrem Büro umschauen, werden Sie mit Sicherheit einige Utensilien finden, die Sie nicht selbst gekauft haben. Ein Kugelschreiber, ein Kalender, eine bedruckte Tasse, vielleicht ein Feuerzeug. Und alle zieren sie die Embleme und Markenlogos von Firmen, die Ihnen diese Produkte geschenkt haben. Werbegeschenke sind ein altes, aber immer noch effektives Mittel, um den Namen Ihres Unternehmens in den Köpfen der Menschen zu verankern. Auch wenn Sie es bewusst nicht wahrnehmen, so prägt sich der Name der Firma auf Ihrem Kugelschreiber, den Sie täglich benutzen doch ein. Ein weiterer Vorteil von Werbegeschenken ist, dass sie kostengünstig zu produzieren sind.

• Cross-Promotion: Ich mache Werbung für dich und Du machst Werbung für mich, lautet das einfache Prinzip der Cross-Promotion. Wenn Sie beispielsweise eine App programmiert haben, können Sie in Ihrem Werbespot die App auf einem ganz bestimmten Smartphone zeigen, das durch Ihren Werbespot quasi mitbeworben wird. Im Gegenzug dazu zeigt der Hersteller des Smartphones in seiner Werbung Ihre App auf dem Display, sodass auch die potenziellen Smartphone-Käufer*innen Ihr Produkt zu sehen bekommen.

• Direktwerbung: Sie wissen ganz genau, wer Ihre Zielgruppe ist? Gut, dann schreiben Sie diese doch am besten direkt an. So können Sie sich sicher sein, dass die richtigen Leute Ihre Werbung sehen und müssen nicht auf den Zufall vertrauen. Schreiben Sie Mails an Ihre Zielgruppe oder betreiben Sie Couponing. Das bedeutet, Sie bieten Vergünstigungen in Form von Coupons an, um die Hemmschwelle neuer Kunden zu senken, Ihr Produkt auszuprobieren. Seien Sie bei Direktwerbung nicht zu penetrant und schicken Sie nicht mehrere Mails oder Coupons auf einmal, das wird die meisten Leute abschrecken.

• Absurde Werbung: Sie kennen den Effekt mit Sicherheit: Etwas ist so absurd und surreal, dass es Ihnen einfach nicht mehr aus dem Kopf geht. Das kann ein Kunstwerk sein oder ein Film oder eben auch eine Werbung. Ein rosafarbener Elefant auf einem Dreirad preist ein Produkt an, dies wäre ein klassisches Beispiel für eine absurde Werbung. Seien Sie hiermit sehr vorsichtig, wenn absurde Werbung nicht wirklich gut umgesetzt ist, erreicht Sie eher den gegenteiligen Effekt und stößt Ihre Zielgruppe ab.

• Schockierende Werbung: Menschen sind emotionale Wesen und reagieren auch auf emotionale Ansprachen sämtlicher Art. Ein Schock kann die Aufmerksamkeit des Publikums merklich erhöhen, zudem bleiben die schockierenden Bilder oft länger im Kopf. Es können Bilder von Katastrophen sein (wie oben bereits besprochen können Sie zum Beispiel ein ökologisches, nachhaltiges Produkt auch bewerben, indem Sie schockierende Bilder von Umweltzerstörung zeigen), aber auch Erotik zählt zur Kategorie der schockierenden Werbung. Entscheidend ist hier der gezielte Tabubruch, der natürlich in der heutigen Zeit schwerer ist, da die Gesellschaft in Bezug auf sexuelle Freizügigkeit toleranter geworden ist. Dennoch gibt es erfolgreiche Start-ups, die sich Elementen der erotischen Werbung bedienen, wie beispielsweise Amorelie, die passenderweise auch Sextoys verkaufen. Auch hier gilt: Seien Sie vorsichtig. Schockierende Werbung funktioniert nur, wenn Sie zu Ihrem Produkt passt und sie wandert stets auf einem schmalen Grat zwischen besonders stark ansprechen oder besonders stark abstoßen.

Nun haben Sie eine ganze Bandbreite verschiedener Werbeformen kennengelernt, die Sie für Ihr Start-up nutzen können. Überlegen Sie gut, welche Form am besten zu Ihrem Start-up passt. Mit welchen Werten wollen Sie in Verbindung gebracht werden, wie wollen Sie wahrgenommen werden? Wie können Sie diese gewünschte Wahrnehmung bei den

Menschen hervorrufen?

Tipp: Schauen Sie sich Werbespots von erfolgreichen Unternehmen an, die in derselben Branche wie Sie agieren oder selbst einmal Start-ups waren. Kopieren Sie nicht, aber seien Sie offen und bereit von anderen zu lernen.

Nachdem wir Ihnen nun gängige Werbearten vorgestellt haben, möchten wir für Sie noch einmal abschließend die Vor- und Nachteile der verschiedenen Möglichkeiten zusammenfassen, um Ihnen die Wahl Ihrer Werbeform so leicht wie möglich zu machen. Schließlich wollen wir Ihnen helfen, Ihr Start-up so gut wie möglich zu vermarkten.

Tabelle 1:

Art der Werbung	**Vorteile**	**Nachteile**
Werbung im öffentlichen Raum	- Große Reichweite - Erregt Aufmerksamkeit - Verschiedene Zielgruppen werden angesprochen	- nicht gezielt (Sie wissen nicht, ob tatsächlich Ihre Zielgruppe erreicht wird).
Werbung im halböffentlichen Raum	- Zielgruppenspezifischer - Dennoch werden zahlenmäßig recht viele Menschen erreicht	- Oft sind es immer dieselben Menschen, die sich in den halböffentlichen Räumen aufhalten, man erreicht wenig Laufkundschaft
Medienwerbung	-Große Reichweite	- Hohe Kosten für

	- insbesondere im Internet kann die Zielgruppe sehr gezielt angesprochen werden - Aktualität - In der Regel leicht zu realisieren	das Schalten von Anzeigen oder TV-Werbung - Zeitung und TV sind nicht zielgruppenspezifisch - Gefahr des gegenteiligen Effekts durch zu viel Werbung
Andere Werbeformen	- Sind etwas besonderes - bleiben oft besser im Kopf als gewöhnliche Werbung	- extrem riskant -Gefahr des gegenteiligen Effekts ist sehr hoch

Testimonials

Kennen Sie den Michelin-Mann? Den Bären von der Bärenmarke? Meister Propper? Den Bausparfuchs von Wüstenrot? Sehr wahrscheinlich sind Ihnen zumindest zwei oder drei dieser Figuren ein Begriff, vermutlich haben Sie sie gerade in diesem Moment vor Augen. Aber auch, wenn Sie beispielsweise an Nespresso denken, fällt Ihnen vermutlich der Schauspieler George Clooney ein. Wenn Sie an die Milchschnitte denken die Brüder Klitschko. Was eint all diese realen und fiktiven Personen? Sie sind sogenannte Testimonials. Der englische Begriff Testimonial bezeichnet die „Fürsprache" einer dem Publikum bekannten Person (ob real oder erdacht), welche die Glaubwürdigkeit einer Werbekampagne unterstreichen oder erhöhen soll (Haase, 2000).

Der Vorteil an Testimonials ist, dass deren Bekanntheit und damit oft auch Glaubwürdigkeit von den Menschen auf Ihr Produkt gespiegelt wird. Getreu dem Motto: „Wenn George Clooney dafür Werbung macht, dann muss es doch ein gutes Produkt sein" oder „Die Klitschkos werden

sich schon nicht für irgendeinen Mist hergeben". Testimonials dienen aber nicht nur dazu, die Glaubwürdigkeit Ihres Unternehmens zu verstärken, sondern können auch dazu verwendet werden, um komplizierte Produkte einfacher und unterhaltsamer zu erklären. Wenn Sie also ein Start-up gründen, das auf dem Technologiesektor zu Hause ist, werden Sie vermutlich Dienstleistungen oder Produkte anbieten, die für den durchschnittlichen Kunden oder die durchschnittliche Kundin in ihrer Funktionsweise schwer zu verstehen sind. Wer von uns hat schon tatsächlich Ahnung, wie die Algorithmen funktionieren, mit denen wir tagtäglich in der digitalen Welt hantieren? Hier kann ein Testimonial Abhilfe schaffen. In diesem Fall empfiehlt sich meist eine erdachte Figur. Es kann zum Beispiel auch eine Zeichentrickfigur sein, da diese in der Regel ein humoristisches Element in die Werbung einbringen. Diese fiktiven Testimonials werden auch, in Abgrenzung zu den real existierenden Prominenten Werbeträgern, als Werbefiguren bezeichnet.
Zu Beginn Ihrer Selbstständigkeit fehlen Ihnen sehr wahrscheinlich die Ressourcen, um ein/e Prominente/n für Ihre Werbung zu engagieren. Und das ist wahrlich nicht schlimm, denn der Einsatz prominenter Personen in der Werbung hat durchaus seine Tücken. Wenn die prominente Person als unpassend zu Ihrem Start-up wahrgenommen wird, haben Sie keinen Zuwachs an Glaubwürdigkeit, sondern tendenziell eher einen Glaubwürdigkeitsverlust erlitten (Pinocchio-Effekt), eine weitere Gefahr ist die Wahl eines zu prominenten Testimonials, sodass die Menschen sich nur noch an den/die Prominente/n erinnert, nicht mehr aber an das beworbene Produkt (Vampir-Effekt) (Hegemann, 2014).

Kreieren Sie daher, wenn Sie sich für die Wahl eines Testimonials entscheiden, einen eigenen Charakter. Das kann ein realer Mensch sein, dem eine werbespezifische Identität verliehen wird (wie in alten Werbespots der Melitta-Mann oder jüngst zum Beispiel der „Tech-Nick" des Elektronikmarktes Saturn) oder eben eine gezeichnete/animierte Figur. Entscheiden Sie selbst in Ihrem Team mittels kreativen Brainstormings, welche Figur Ihr Start-up am besten repräsentieren kann. Sollte die Figur sympathisch, verrückt, aufgeregt, bunt oder eher cool und gelassen sein? All das sind Fragen, die Sie zusammen diskutieren können. Sie können sich selbstredend auch gegen ein Testimonial entscheiden. Es gibt viele gute Werbungen, die ohne eine solche zusätzliche Figur auskommen und dennoch den gewünschten Erfolg erzielen. Sollten Sie eine passende Idee haben, kann die Wahl eines Testimonials Ihre Werbekampagne zusätzlich stärken. Sollten Sie sich dafür entscheiden, bauen Sie Ihre Werbefigur in die Hashtags mit ein, die wir bereits dringend empfohlen haben. Testimonials und Werbefiguren können schnell zu Kultfiguren werden, daher ist es sinnvoll, ein eigenes Hashtag für sie zu kreieren, so steigern Sie nicht nur den Bekanntheitsgrad Ihres Produktes, sondern auch Ihres Testimonials.

Auch eine gute Werbekampagne ist zweifelsohne teuer, aber sie lohnt sich, wie unter anderem das Beispiel der Firma Zalando vom Beginn des Abschnittes verdeutlicht. Es gilt dasselbe Prinzip wie bei der Marktforschung. Loten Sie Ihr Budget aus und machen Sie sich vorher klar, welche Summe Sie in Werbung investieren wollen. Sparen Sie aber auch hier nicht an der falschen Stelle. Ein schlechter Werbespot kostet ebenfalls Geld, erzielt aber in der Regel keinerlei, wenn nicht sogar einen negativen Effekt. Sie können eine Werbeagentur beauftragen oder sich selbst, zusammen mit Ihrem Team, Gedanken über eine gelungene Werbekampagne machen. Es kann sich bezahlt machen, wenn Sie von vorne herein Marketing- oder Werbeexpert*innen in Ihr Team aufnehmen, ob als Gesellschafter oder als Angestellte. So sparen Sie sich eine teure Werbeagentur.

Denn alleine durch das Studium erfolgreicher Kampagnen anderer Unternehmen und einem kreativen gemeinsamen Brainstorming, können sich wunderbare Ideen entwickeln. Überlegen Sie, welche Art von Werbung Sie selbst ansprechend finden. Was lösen bestimmte Schlagworte bei Ihnen aus? Wollen Sie eine witzige Werbung, über die sich die

Leute amüsieren können oder wollen Sie einen ernsthaften Grundton in Ihrer Kampagne? Wollen Sie vielleicht sogar bewegen oder aufrütteln? Auch diese Emotionen können durchaus passend sein. Wenn Sie zum Beispiel damit werben, besonders ökologische Produkte zu produzieren, können unter Umständen auch Bilder eines gerodeten Regenwaldes oder von Überschwemmungen, abbrechenden Gletschern oder verdorrten Wüstenlandschaften passende Träger Ihrer Botschaft sein. Oder Sie entscheiden sich für das Gegenteil und zeigen blühende Landschaften, intakte Regenwälder und freundlich lächelnde Menschen. Beides ist möglich und beides kann passend sein. Entscheiden Sie sich aber für eine Richtung. Die wenigsten Marken schaffen es, Ihre grundsätzliche Werbeausrichtung dauernd zu ändern, meistens bleiben die Marken bei einem Konzept (entweder witzig oder nachdenklich, laut und auffällig oder eher dezent).

Webpräsenz

Über die großen Vorteile, ja sogar Unerlässlichkeit einer gelungenen Internetpräsenz haben wir bereits informiert. Den sozialen Medien kommt dabei, insbesondere bei Hashtag-Kampagnen und Einladung zu eigens organisierten Events, eine zentrale Rolle zu. Doch ein weiterer wichtiger Punkt in Bezug auf Ihre Webpräsenz sollte nicht außer Acht gelassen werden: Die meisten Internetnutzer verwenden Suchmaschinen um nach Produkten, Dienstleistern oder Unternehmen zu suchen. Um erfolgreich zu sein, sollten Sie also sichergehen, dass Ihre Webseite bei Google, Bing, Yahoo, Ecosia und Konsorten möglichst weit oben erscheint, denn erfahrungsgemäß wählen die meisten Menschen die ersten Webseiten aus, die von der Suchmaschine ausgespuckt werden. Die wenigsten Nutzer klicken auf die zweite Seite mit Ergebnissen weiter. Die am häufigsten genutzte Suchmaschine in Deutschland ist Google.

Das Deutsche Institut für Marketing hat zur Nutzung der Suchergebnisse auf Google folgende Kennzahlen im Rahmen einer Studie ermittelt:

- 30 Prozent der Klicks nach einer Suchanfrage entfallen ausschließlich auf die erste angezeigte Seite.
- 14 Prozent der Suchenden klicken auch das zweite angezeigte Ergebnis an.
- Das dritte Ergebnis wird nur noch von 10 Prozent der Nutzer aufgerufen.
- 70 Prozent der Nutzerinnen und Nutzer verweilt auf der ersten angezeigten Seite mit Suchergebnissen.
- Auf der zweiten Seite der Suchergebnisse werden lediglich von 8 bis 10 Prozent der Nutzer noch Webseiten aufgerufen (Deutsches Institut für Marketing, 2014).

Ist die Suchanfrage durch die ersten aufgerufenen Webseiten bereits beantwortet, gibt es keinen Grund mehr weiter zu suchen. Steht ihr Start-up zu weit hinten, wird es über diesen Weg kaum gefunden und verpasst eine riesige Chance, schnell Bekanntheit und Reichweite zu erlangen. Daher empfehlen wir Ihnen die sogenannte Suchmaschinenoptimierung, kurz SEO (für englisch: Search Engine Optimization). Die SEO fasst sämtliche Maßnahmen zusammen, die getroffen werden, um die Sichtbarkeiten von Internetseiten in den Ergebnissen von Suchmaschinen zu verbessern. Um auf Platz eins einer Suchanfrage bei Google zu kommen, müssen Sie bestimmte Faktoren beachten. Die Suchmaschine bewertet nämlich die Ergebnisse nach der von ihr ermittelten Relevanz.

Diese Ermittlung erfolgt bei Google mithilfe eines Algorithmus, der aber selbstredend ständig weiterentwickelt und optimiert wird. Verfolgen Sie also aufmerksam die Entwicklungen bei Google und sicherheitshalber auch bei anderen Suchmaschinen. Suchen Sie nach aktuellen Studien zu dem Thema. SEO ist mittlerweile zu einem großen Markt geworden. Es gibt SEO-Manager und jede Menge professionelle Anbieter in dem Bereich, die auch regelmäßig Studien zum Thema veröffentlichen. Lesen Sie diese Studien in regelmäßigen Abständen und bleiben Sie so

Up to Date.

Die Online-Marketingagentur Kokoen beispielsweise ist Mitautor einer großen SEO-Studie aus dem Jahre 2019. Im Rahmen dieser Studie wurden „die ersten 20 Suchergebnisse von 26 verschiedenen Keywords in Deutschland analysiert" (Kokoen.net, 2019), um herauszufinden, welche Faktoren das Ranking der Suchmaschine Google beeinflussen und welche Faktoren zu vernachlässigen sind. Im Folgenden werden wir Ihnen die Ergebnisse der Studie präsentieren, um Ihnen einige Hinweise für eine gelungene Webpräsenz mit auf den Weg zu geben. Hierzu werden wir zunächst die zentralen Begrifflichkeiten erklären.

Keywords

Keywords sind die Worte oder Halbsätze, welche die Nutzer*innen bei ihrer Suche in die Suchmaschinen eingeben. Keywords bei der Recherche zur eigenen Firmengründung könnten also zum Beispiel „Firmengründung", „Wie gründe ich eine Firma", „Voraussetzungen Firmengründung" sein. Die Keywords auf Ihrer Webseite sollten zu den Bedürfnissen der Suchenden passen. Stellen Sie sich vor, nach welchen Begriffen Sie als Suchmaschinennutzer*in suchen würden, wenn Sie auf ein Unternehmen wir Ihres stoßen wollten. Die Keywords sind *der* zentrale Punkt bei der Suche im Netz. Sie stellen den Bezug zwischen der Suchanfrage und den Inhalten der entsprechenden Webseiten her. Hierbei wird in den SEO-Studien meist zwischen Head-Keywords und Longtail-Keywords unterschieden. Das liegt daran, dass Menschen unterschiedliche Stile bei der Eingabe von Suchbegriffen pflegen. Die meisten Suchenden geben eher kurze, knappe Schlagworte ein (zum Beispiel: Firmengründung). Suchanfragen mit bis zu drei Begriffen werden Head-Keywords genannt. Es gibt jedoch auch Nutzer*innen, die beinahe vollständige Texte in die Suchleiste eingeben (zum Beispiel: „Was muss ich tun, wenn ich meine eigene Firma gründen will?"). Dies wäre ein Beispiel für Longtail-Keywords mit mehr als drei Suchbegriffen. Da diese aber eher selten auftreten und die meisten Nutzer*innen kurze Anfragen bevorzugen, konzentrieren sich die meisten Studien, so auch die von uns zitierte Kokoen-Studie, ausschließlich auf Head-Keywords.

Backlinks

Des Öfteren ist auch die Rede von sogenannten Backlinks. Gemeint sind damit Links, die ausgehend von einer (Ihrer) Webseite zu einer anderen bestimmten Webseite führen. Stellen Sie sich also vor, Sie produzieren ökologisch nachhaltige Produkte und haben deswegen ein offizielles Label erhalten, beispielsweise das EU Ecolabel. Wenn Sie dieses Label auf Ihrer Webseite erwähnen, kann es sinnvoll sein an dieser Stelle die offizielle Webseite (eu-ecolabel.de) zu verlinken, damit die Besucher*innen Ihrer Webseite direkt mit einem Mausklick herausfinden können, um welches Label es sich handelt und welche Kriterien man erfüllen muss, um es zu erhalten. Ohne den Backlink müsste man dafür einen gesonderten Reiter aufrufen und den Namen des Labels in eine Suchmaschine eingeben. Die Verwendung von Backlinks ist also ein Qualitätsmerkmal von Webseiten, das, wie Sie gleich sehen werden, auch von dem Algorithmus der Suchmaschine Google herangezogen wird.

Rankingfaktoren

Rankingfaktoren sind die Kriterien, die von der Suchmaschine angewandt werden, um Webseiten zu bewerten. Die Kriterien sind dabei vielfältig. Sowohl die Inhalte als auch die technische Umsetzung spielen dabei eine Rolle, ebenso die Anzahl der Backlinks, also der Verweise Ihrer Webseite auf andere Webseiten. Wenn Sie die Ratingfaktoren der Suchmaschine durchschaut haben, können Sie Ihren Internetauftritt an diese Kriterien anpassen und damit erreichen, dass Sie bei einer möglichen Suche sehr weit oben und somit im Blickfeld vieler Suchenden erscheinen. In den meisten SEO-Studien, die Sie im Internet finden können, wird zwischen wichtigen und eher zweitrangigen Rankingfaktoren entschieden. Auch hier gibt es also Faktoren, die sehr entscheidend für den Erfolg Ihrer Webseite sind und welche, die eher unwichtig sind, auf die Sie nicht den Fokus legen sollten.

Ergebnisse der Studie

Falls Sie sich näher für den Aufbau und die Methodiken der hier zitierten Studie des Online-Marketingportals Kokoen interessieren, können Sie unter *kokoen.net/ blog/seo-studie-deutschland-2019/#first* sämtliche Details der Studie, wie zum Beispiel die verwendeten Tools, nachvollziehen. Um Sie jedoch nicht über Gebühr mit statistischen Detailfragen zu behelligen, werden wir nun direkt zu den Ergebnissen der Studie kommen.

Irrelevante Aspekte:
• Die Länge der URL, die umgangssprachlich meist als Internetadresse bezeichnet wird (die URL ist das, was Sie oben in der Adressleiste sehen), spielt keinerlei Rolle. Bei fast allen Positionen der Suchergebnisse hatte diese im Durchschnitt eine Länge von 59 Zeichen (Kokoen.net, 2019). • Die Keywords müssen nicht im Namen der Internetdomain auftauchen, dieser Trend ist deutlich zu erkennen. Bei den ersten Platzierungen der Suchergebnisse hatte keine einzige Domain die genauen Keywords in ihrer URL. Sie müssen also nicht versuchen, Ihre URL mit Keywords vollzuladen, es scheint keinerlei Bedeutung für den Google-Algorithmus zu haben (Kokoen.net, 2019).
Weniger zentrale Aspekte:
• Die Endung des Domains auf „.de" ist ein ergänzender Faktor, ist aber kein Muss, auch mit einer anderen Domainendung (.net, .org, .com, etc...) können Sie gute Ergebnisse erzielen (Kokoen.net, 2019).
Zentrale Aspekte:
• Sicherlich kennen Sie die Abkürzung https, die gerne am Anfang

einer aufgerufenen Internetseite steht. Die wenigsten aber wissen, dass die Abkürzung für „Hyper Text Transfer Protocol Secure“ steht. Das bedeutet, dass auf dieser Seite eine gesicherte Verbindung besteht. Ihre Interaktion mit einer Webseite mit „https“ im Namen, kann durch keinen Dritten abgehört oder nachverfolgt werden. Man bezeichnet dies auch als Verschlüsselungsprotokoll. 95 Prozent aller Suchergebnisse und 100 Prozent in den Top Drei haben ein https-Verschlüsselungsprotokoll. Dies ist also als ein absolutes Muss einzustufen. Insbesondere, wenn Sie mit sensiblen Daten hantieren, wie zum Beispiel persönlichen Daten der Kunden oder Online-Shops, bei denen die Kunden meist online Kontodaten preisgeben müssen, ist eine https-Sicherung unerlässlich (Kokoen.net, 2019).

- Die Nutzbarkeit von Webseiten auf mobilen Endgeräten ist in den letzten Jahren zu einem entscheidenden Faktor geworden. Am besten ist es, Ihre Webseite wird auf einem mobilen Empfangsgerät, also einem Smartphone, genau so angezeigt, wie auf einem Desktop. Alternativ können Sie auch eine zusätzliche Funktion programmieren lassen, die Sie vielleicht selbst schon einmal als Nutzer*in gesehen haben. Auf manchen Webseiten erscheint, wenn Sie diese auf Ihrem Smartphone öffnen, ein Hinweis, dass man zu einer mobilen Ansicht wechseln könne. So kann der Nutzer oder die Nutzerin selbst entscheiden, in welchem Format sie sich die Seite anschauen möchten. 96 Prozent der Top Eins und 92 Prozent der Top Zwei bis Drei sind benutzerfreundlich für die Nutzung auf dem Smartphone (Kokoen.net, 2019).
- Dass die Keywords in der Domain enthalten sein müssen, hat sich laut der Studie als irrige Annahme erwiesen. Jedoch scheint es von Bedeutung zu sein, dass die wichtigen Keywords zur Beschreibung Ihres Start-ups entweder in der URL, in den Überschriften auf Ihrer Webseite oder im Titel der Seite enthalten ist. In den Top Eins der Suchanfragen hatten nur 1,38 Prozent keine Keywords im Titel, den

Überschriften oder der URL. Insbesondere bei den Überschriften können die Keywords eine entscheidende Rolle einnehmen. Bei 76 Prozent der Top Eins Suchanfragen tauchte genau das Keyword in den Überschriften auf, welches bei der Suche eingegeben wurde (Kokoen.net, 2019).

- Eine gewisse Anzahl von Backlinks, also Verlinkungen zu anderen Internetseiten, scheint für den Google-Alogorithmus eine Rolle zu spielen. Dabei ist sowohl die Anzahl als auch die Qualität entscheidend. Viele Links sind also genauso wichtig wie Links zu qualitativ hochwertigen oder ebenfalls gut gerankten Webseiten (Kokoen.net, 2019).

Verzeihen Sie uns bitte die vielen Zahlen, doch es war uns an dieser Stelle wichtig, Ihnen die empirischen Belege für die Aussagen bezüglich unserer Aussagen zu einer guten Webpräsenz zu liefern. Wichtig ist, dass Sie vor allem die vier Punkte unter der Überschrift „zentrale Aspekte" beherzigen. Denn so scheint, laut den Erkenntnissen der neuesten Studie, der Algorithmus von Google zu funktionieren. Nutzen Sie die Sicherheit https, gewährleisten Sie die komfortable Bedienung Ihrer Webseite auch von mobilen Endgeräten aus, platzieren Sie Keywords in den Überschriften auf Ihrer Webpräsenz, bestenfalls natürlich noch zusätzlich in der URL und verlinken Sie per Backlink andere Webseiten auf Ihrer. Wenn Sie diese Kriterien berücksichtigen, stehen die Chancen sehr gut, dass Sie schnell und gut per Suchanfrage gefunden werden.

Wenn Sie selbst über keine nennenswerten Kenntnisse im Bereich IT verfügen, holen Sie sich unbedingt jemanden ins Boot, der Ihnen weiterhelfen kann. Entweder Sie achten bei der Wahl Ihrer Gesellschafter*innen bereits darauf, dass IT- Expert*innen unter ihnen vorhanden sind oder Sie gehen eine Kooperation mit einem Spezialisten oder einer Spezialistin ein. Technisches Know-how ist in der modernen

Geschäftswelt unverzichtbar. Insbesondere für Start-ups, die meist eine junge Zielgruppe ansprechen wollen und mit innovativen Konzepten aufwarten. Beides wird ohne kompetente und clevere Nutzung des Netzes nicht möglich sein. Daher auch die Empfehlung eines oder mehrere fester Spezialist*innen. Wenn Sie mit jedem Auftrag den Sie haben, neue IT-Fachleute in Ihr System, in Ihre Programme einarbeiten müssen, kostet das nur unnötig Zeit und damit auch Geld. Vertrauen Sie also einem festen Stamm von Fachmännern und Fachfrauen, holen Sie sich kompetente Leute in Ihr Team. Gute IT–Fachleute sind nicht günstig, aber sie werden sich sehr schnell bezahlt machen. Machen Sie dabei nicht den Fehler, ausschließlich männlichen IT-Experten zu vertrauen. Das Vorurteil, das Informationstechnologie ausschließlich Männersache ist, ist längst überholt.

NETZWERKEN

Marktforschung, Marketing und Werbung sind professionelle Arten, wie Sie Ihr Start-up erfolgreich vermarkten. Es bleibt selbstredend Ihnen überlassen, in welchem Umfang Sie sich dieser Methoden bedienen möchten. Komplett darauf zu verzichten ist aber in der Tat nicht sehr ratsam, denn die erfolgreichsten Start-ups der letzten Jahre zeigen eindeutig, welchen positiven Effekt Marketing- und Werbestrategien für die Bekanntheit und Beliebtheit der Marke haben können. Doch bei all dem dürfen Sie die Macht der kleinen, persönlich geknüpften Netzwerke nicht unterschätzen. Besuchen Sie also Branchenevents, treten Sie dort gemeinsam mit Ihrem Gründerteam auf und knüpfen Sie Kontakte. Bereiten Sie sich vor, lernen Sie ein paar Zahlen und Eckdaten der jeweiligen Branche auswendig, informieren Sie sich über aktuelle Entwicklungen. So hinterlassen Sie direkt einen guten Eindruck und können sich gegebenenfalls sogar als Expert*in positionieren. Vielleicht wecken Sie damit auch das Interesse anderer Gründer*innen, eventuell entstehen daraus Kooperationen, im besten Falle finden Sie vielleicht sogar

Investor*innen.

Auch Messen können zum Beispiel ein wertvolles Forum bieten. Hier finden Sie ein gemischtes Publikum, das sich aus Fachleuten und Interessierten zusammensetzt. Informieren Sie sich im Vorfeld, was Sie die Präsenz auf einer Messe kosten würde. Meist sind die Preise für einen Stand allerdings niedriger, als man gemeinhin annimmt.

Viele Messeveranstalter wollen eben auch junge, innovative Start-ups auf ihrer Veranstaltung präsentieren, weswegen die finanziellen Hürden oft recht niedrig gehalten werden. Auch die Ausrüstung für Messen und Events, wie zum Beispiel Stände, ist nicht über Gebühr kostspielig. Im Internet finden Sie viele günstige Angebote von Verleihfirmen. Bereiten Sie die im Abschnitt „Werbung“ bereits angesprochenen Werbegeschenke vor, wenn Sie auf einer Messe ausstellen. Kugelschreiber und Kalender sind meist die beliebtesten Artikel, aber auch Taschentücher, Bonbons mit dem Namen Ihres Start-ups auf der Verpackung oder Brillenreinigungstücher bieten sich an. Manche Unternehmen bieten sogar Kondome mit bedruckter Verpackung als Merchandiser an. Überlegen Sie, welche Artikel gut zu Ihrem Start-up passen und denken Sie vor allem an die Bedürfnisse der Kunden. Auf einer Messe mit Schwerpunkt Technik und Computer könnten zum Beispiel Mousepads beliebte Werbeartikel sein.

Sprechen Sie die Menschen auf der Messe aktiv an. Falls es Ihnen nicht liegt, direkt auf Menschen zuzugehen, können Sie in Ihrem Team besprechen, wer es sich zutraut und wer Lust darauf hätte. Sie müssen authentisch sein, wenn Sie mit den Leuten sprechen. Man darf Ihnen unter keinen Umständen ansehen, dass Sie sich bei einem Gespräch unwohl fühlen, schließlich haben Sie es mit potenziellen Kund*innen oder gar Investor*innen zu tun. Wenn niemand aus Ihrem Gründerteam die Aufgabe der aktiven Ansprache übernehmen möchte, überlegen Sie, einen professionellen Promoter oder eine professionelle Promoterin für den Messebesuch mit ins Team zu holen. Richten Sie an Ihrem Stand eine

Gesprächszone ein, in der man angenehm stehen oder vielleicht sogar sitzen und sich unterhalten kann. Die Menschen müssen sich bei einem Gespräch rundum wohlfühlen. Wenn man dabei inmitten eines Gangs steht und ständig angerempelt wird, ist keine angenehme Gesprächsatmosphäre geschaffen. Auch kleine Spiele oder Aktionen können die Aufmerksamkeit des Publikums erhöhen. Beziehen Sie die Leute an Ihrem Stand aktiv mit ein und hinterlassen Sie einen sympathischen Eindruck. Selbst, wenn jemand nicht als Kund*in infrage kommt, erzählt die Person vielleicht in ihrem Umfeld etwas Positives von Ihrem Start-up.

Am wichtigsten ist es auf Messen und Fachveranstaltungen natürlich Ihr Produkt oder Ihre Dienstleistung gut zu präsentieren. Organisieren Sie Ihren Auftritt gut. Machen Sie sich Gedanken über die Farbe Ihrer Kleidung. Wenn es geht sollten Sie einheitliche Farben tragen. Am besten lassen Sie sich T-Shirts oder Polohemden eigens für Messen und Veranstaltungen mit Ihrem Logo bedrucken. Stimmen Sie die Farbe des Standes mit der Farbe Ihrer Kleidung ab, bestenfalls passen auch die Farben der Merchandise-Artikel dazu. So vermitteln Sie ein stimmiges Bild und wirken gut vorbereitet. Kommen Sie mit potenziellen Kund*innen ins Gespräch. Die ersten Kunden, die Sie haben, sind meistens die wichtigsten. Sie ermöglichen Ihren Einstieg ins Geschäftsleben.

Zu guter Letzt ist natürlich Ihr eigenes Umfeld ein wichtiger Bezugspunkt. Erzählen Sie Ihren Freund*innen, Verwandten, Arbeitskolleg*innen, Kommiliton*innen von Ihrer Idee. Holen Sie sich Feedback von ihnen ein und lassen Sie sie ihre ehrliche Meinung äußern. Über die Freund*innen Ihrer Freund*innen, über die Kolleg*innen Ihrer Kolleg*innen verbreitet sich die Nachricht von Ihrem neuen Start-up zudem und vielleicht gewinnen Sie ja bereits die ersten Kund*innen durch Mundpropaganda.

Ein paar Worte zum Schluss

Nun, da Sie hoffentlich alle Abschnitte dieses Buches gelesen haben, fühlen Sie sich idealerweise gut vorbereitet auf Ihren Einstieg ins Geschäftsleben. Dies ist zumindest unser Ziel: Wir wollen Ihnen mit diesem Buch helfen, Ihre Ideen umzusetzen und den Traum von einer Firmengründung bestmöglich zu verwirklichen. Die Lektüre unseres Buches ersetzt selbstverständlich nicht Ihre Planung, die Recherche und die intensive Vorbereitung für die Gründung Ihres Start-ups.

Denn trotz aller Kreativität, trotz allen Spaßes, den Sie auf alle Fälle immer beibehalten sollten, bleibt die Gründung einer eigenen Firma dennoch immer auch ein hartes Stück Arbeit. Wir hoffen, wir konnten Ihnen einen kleinen, dennoch nicht unbedeutenden Teil dieser Arbeit abnehmen, beziehungsweise erleichtern. Nicht mehr und nicht weniger kann unser Anspruch sein.

Die wenigsten Hinweise und Ratschläge, die Sie in diesem Buch lesen können, sind verpflichtend oder gar alternativlos. Der einzige Teil, auf den diese Beschreibung zutreffen mag, ist die Erläuterung der rechtlichen, das heißt der gesetzlich vorgeschriebenen Rahmenbedingungen. Alle anderen Teile des Buches sind Vorschläge, Anregungen und Denkanstöße, die Ihnen helfen sollen, wichtige Fragen zu klären. Die Ihnen zentrale Aspekte vergegenwärtigen sollen, die Sie ohne die Lektüre vielleicht außer Acht gelassen hätten.

Grundsätzlich gilt: je mehr Planung, je mehr Vorbereitung, desto besser. Entscheiden Sie für sich persönlich und als Team, wie Ihr Start-up ausgerichtet werden soll, wie Sie es vermarkten. Es ist Ihre Firma und niemand kann Ihnen diesbezüglich etwas vorschreiben – und ist nicht gerade das der eigentliche Reiz der Selbstständigkeit? Eigene Ideen so umzusetzen, wie man es möchte, frei von den Zwängen festgefahrener Strukturen.

Wir hoffen, dass wir Sie bei eben diesem Vorhaben unterstützen konnten und wünschen Ihnen alles erdenklich Gute – für Sie persönlich und natürlich für Ihr Start-up. Viel Erfolg und starten Sie durch!

Ihr...
Damian Collins

Literaturverzeichnis

Absatzwirtschaft.de. (23. August 2017). Abgerufen am 25. April 2020 von Von #umparkenimkopf bis #heimkommen: So haben Hastags das klassische Marketing revolutioniert.: absatzwirtschaft.de/von-umparkenimkopf-bis-heimkommen-so-haben-hashtags-das-klassische-marketing-revolutioniert-112871/

Achleitner, P. D.-K. (2017). Start-Up-Unternehmen. In S. Fachmedien, *Gabler Wirtschaftslexikon.* Wiesbaden: Springer .

BGB. (2020). In BGB, *Bürgerliches Gesetzbuch BGB: mit Allgemeinem Gleichbehandlungsgesetz, Produkthaftungsgestz, Unterlassungsklagengesetz, Wohneigentumsgesetz und Erbbaurechtsgesetz* (S. § 705 bis 740). München: dtv Verlagsgesellschaft.

Breuer, P. D. (2020). Venture-Capital. In *Gabler Wirtschaftslexikon* . Wiesbaden: Springer Gabler.

Bundesagentur für Arbeit. (21. November 2019). Abgerufen am 21. April 2020 von Fachliche Weisungen: arbeitsagentur.de/datei/fw-sgb-ii-16b_ba015829.pdf

Bundesagentur für Arbeit. (2020). Abgerufen am 21. April 2020 von Existenzgründung und Gründungszuschuss: arbeitsagentur.de/existenzgruendung-gruendungszuschuss

Bundesministerium für Wirtschaft und Energie. (2020). Abgerufen am 21. 04 2020 von Das Exist-Gründerstipendium:

exist./DE/Programm/Exist-Gruenderstipendium/inhalt.html

Bundesministerium für Wirtschaft und Energie. (2020). Abgerufen am 21. April 2020 von INVEST - Zuschuss für Wagniskapital: bmwi.de/Redaktion/DE/Dossier/invest.html

Deutsches Institut für Marketing. (04. November 2014). Abgerufen am 27. April 2020 von Studie: 30 Prozent aller Google-Nutzer klicken auf das erste organische Suchergebnis: marketinginstitut.biz/blog/studie-30-prozent-aller-google-nutzer-klicken-auf-das-erste-organische-ergebnis

Deutsches Patent- und Markenamt. (2020). Abgerufen am 26. April 2020 von Fragen rund um die Marke : dpma.de/marken/faq/index.html

Elsner, K. (2012). *Kleine Ursache - große Wirkung: Wertschätzung von hochqualifizierten Mitarbeitern: Eine konzeptionelle Einordnung und empirische Untersuchung zur Bedeutung der Anerkennung für gute Mitarbeiterführung (Deutsch).* Mering: Rainer Hampp Verlag.

faz.net. (01. Juli 2019). Abgerufen am 25. April 2020 von Auch Global Fashion Group muss Abstriche machen: faz.net/aktuell/finanzen/finanzmarkt/boersengang-global-fashion-group-muss-abstriche-machen-16262534.html, zuletzt abgerufen am 18.04.2020

Haase, H. (Heft 3 2000). Testimonialwerbung. *Planung & Analyse*, S. 56 ff.

Hefermehl, W. (2019). In Handelsgestzbuch, *Handelsgesetzbuch HGB: mit Seehandelsrecht, mit Wechselgesetz und Scheckgesetz und Publizitätsgesetz* (S. §§ 105 bis 160 HGB, §§705 ff. BGB). München: dtv

Verlagsgesellschaft.

Hefermehl, W. (2019). In Handelsgesetzbuch, *Handelsgesetzbuch HGB: mit Seehandelsrecht, mit Wechselgesetz und Scheckgesetz und Publizitätsgesetz* (S. §§ 161 bis 177a des HGB in Verbindung mit Paragraph 105 Absatz 3 HGB in Verbindung mit § 705 BGB). München: dtv Verlagsgesellschaft.

Hegemann, L. (04. Juli 2014). *Handelsblatt.com*. Abgerufen am 26. April 2020 von Zittern um den Werbeerfolg: handelsblatt.com/unternehmen/handel-konsumgueter/persoenliche-werbung-zur-wm-zittern-um-den-werbeerfolg/10152042-all.html

High-Tech-Gründerfonds. (2020). Abgerufen am 21. April 2020 von Startup Finanzierung - Mehr als Kapital: htgf.de/de/gruender

Hirte, H. (2017). In GmBH-Gesetz, *Aktiengesetz. GmbH-Gesetz: mit Umwandlungsgesetz, Wertpapiererwerbs- und Übernahmegesetz, Mitbestimmungsgesetzen und Deutschem Corporate Governance Kodex.* München: dtv Verlagsgruppe.

Hirte, H. (2017). In GmbH-Gesetz, *Aktiengesetz. GmbH-Gesetz: mit Umwandlungsgesetz, Wertpapiererwerbs- und Übernahmegesetz, Mitbestimmungsgesetzen und Deutschem Corporate Governance Kodex* (S. §5a). München: dtv Verlagsgruppe.

Hobe, I. v. (08. September 2016). *Gründerszene.de*. Abgerufen am 26. April 2020 von So klappt´s mit dem Namen fürs Startup: gruenderszene.de/allgemein/namen-startups-ratgeber?interstitial

Hudson, R. (Issue 3. Volume 8 2008). Cultural political economy meets global production networks: a productive meeting? *Oxford Journals*, S. 421-440.

Internet Archive. (04. April 2006). Abgerufen am 19. April 2020 von Handwerk in Baden-Württemberg: Web.archive.org/web/20080507055834/http://www.handwerk-bw.de/Wirtschaftsrech.wirtschaftsrecht.0.html?&backPID=10&tt_news=1256

Kokoen.net. (15. April 2019). Abgerufen am 27. April 2020 von SEO-Studie Deutschland 2019 - Analyse von über 500 Suchergebnissen: kokoen.net/blog/seo-studie-deutschland-2019/#first

Krampen, G. (2019). *Psychologie der Kreativität. Divergentes Denken und Handeln in Forschung und Praxis.* Göttingen: Hogrefe Verlag.

legislation.gov.uk. (2006). Abgerufen am 27. April 2020 von Companies Act 2006: legislation.gov.uk/ukpga/2006/46/contents

Mikromezzaninfonds-Deutschland. (2020). Abgerufen am 21. April 2020 von Wir fördern kleine und junge Unternehmen: mikromezzaninfonds-deutschland.de/start.html

Muschiol, R. (2007). *Begegnungsqualität in Bürogebäuden: Ergebnisse einer empirischen Studie (Darmstädter Studien zu Arbeit, Technik und Gesellschaft).* Darmstadt: Institut für Soziologie, Technische Universität Darmstadt.

Siefer, P. (05. Januar 2020). Der Organisator von #12062020 im Olympiastadion, Philip Siefer - Jung und Naiv: Folge 450. (T. Jung, Interviewer) Berlin, Deutschland.

Smith, K. (03. März 2020). *brandwatch.com*. Abgerufen am 25. April 2020 von 57 interessante Zahlen und Statistiken rund um YouTube: brandwatch.com/de/blog/statistiken-youtube/

Statista.com. (19. November 2019). Abgerufen am 20. April 2020 von

Verteilung der Gründer von Startups in Deutschland nach Altersgruppen laut DSM* von 2013 bis 2019: de.statista.com/statistik/daten/studie/573534/umfrage/verteilung-der-gruender-von-startups-in-deutschland-nach-altersgruppen/

Vielhaus, C. (19.02.2020). Wie dieser Mann die Psychologie dazu nutzte, dir buchstäblich alles zu verkaufen. *Perspective Daily*.

Welt.de. (09. Oktober 2018). Abgerufen am 25. April 2020 von Zalando wird persönlich: welt.de/wirtschaft/bilanz/article181813116/Online-Shopping-Zalando-wird-persönlich.html, zuletzt abgerufen am 18.04.2020

Wir danken Ihnen für Ihr Interesse und Ihr Vertrauen. Als Dankeschön dafür, haben wir eine besondere Überraschung. Sie wollen erfolgreicher durchs Leben gehen und suchen nach einer Möglichkeit, dies zu schaffen? Dann freuen Sie sich über exklusive Tipps, wie Ihnen das gelingen kann. Das Beste: Sie erhalten diese vollkommen kostenlos. Das klingt wunderbar? Dann warten Sie nicht lange und holen Sie sich Ihr Gratis-Geschenk.

Hier geht es zu Ihrem Gratis-Geschenk:

https://forms.gle/iTZWhyc1n45BZMvj8

1. **Öffnen Sie die Kamera-App auf Ihrem Smartphone und richten Sie die Kamera auf den QR-Code.**
2. **Klicken Sie auf den Link, der Ihnen angezeigt wird und schon werden Sie zur Website weitergeleitet.**

Impressum

Herausgeber: Orbita Media Verlag GmbH & Co. KG / Ericusspitze 4 / 20457 Hamburg
Kontakt: kontakt@empireofbooks.de
Website: https://empireofbooks.de
Coverbild: Shutterstock

Haftungsausschluss:
Die Nutzung dieses Buches und die Umsetzung der enthaltenen Informationen, Anleitungen und Strategien erfolgt auf eigenes Risiko. Der Autor kann für etwaige Schäden jeglicher Art aus keinem Rechtsgrund eine Haftung übernehmen. Haftungsansprüche gegen den Autor für Schäden materieller oder ideeller Art, die durch die Nutzung oder Nichtnutzung der Informationen bzw. durch die Nutzung fehlerhafter und/oder unvollständiger Informationen verursacht wurden, sind grundsätzlich ausgeschlossen. Rechts- und Schadenersatzansprüche sind daher ausgeschlossen. Dieses Werk wurde sorgfältig erarbeitet und niedergeschrieben. Der Autor übernimmt jedoch keinerlei Gewähr für die Aktualität, Vollständigkeit und Qualität der Informationen. Druckfehler und Falschinformationen können nicht vollständig ausgeschlossen werden. Es kann keine juristische Verantwortung sowie Haftung in irgendeiner Form für fehlerhafte Angaben vom Autor übernommen werden. Die bereitgestellten Analysen, Vorschläge, Ideen, Meinungen, Kommentare und Texte sind ausschließlich zur Information bestimmt und können ein individuelles Beratungsgespräch nicht ersetzen. Alle Informationen dieses Buches entsprechen dem Kenntnisstand zum Zeitpunkt des Verfassens dieses Buches. Eine Haftung für mittelbare und unmittelbare Folgen aus den Informationen dieses Buches ist somit ausgeschlossen.
Informieren Sie sich weitläufig aus unterschiedlichen Quellen und bedenken Sie, dass am Ende nur Sie für die Entscheidungen verantwortlich sind.

Haftung für externe Links:
Unser Angebot enthält Links zu externen Websites Dritter, auf deren Inhalte wir keinen Einfluss haben. Deshalb können wir für diese fremden Inhalte auch keine Gewähr übernehmen. Für die Inhalte der verlinkten Seiten ist stets der jeweilige Anbieter oder Betreiber der Seiten verantwortlich. Die verlinkten Seiten wurden zum Zeitpunkt der Verlinkung auf mögliche Rechtsverstöße überprüft. Rechtswidrige Inhalte waren zum Zeit-punkt der Verlinkung nicht erkennbar.